Formations & Techniques

FONDAMENTAUX DE LA VOLATILITÉ DES MARCHÉS FINANCIERS

Cours et applications

Matthieu Leblanc

ellipses

Collection Formations & Techniques

dirigée par Paul de Laboulaye

paul.delaboulaye@editions-ellipses.fr

Retrouvez tous les titres de la collection et des extraits
sur www.editions-ellipses.fr

ISBN 9782340-116047

Dépôt légal : juin 2026

www.editions-ellipses.fr

Aux membres passés, présents et futurs de mon arbre généalogique.
En particulier,
ma femme, Érica,
mes enfants, Aurélien et Héloïse.

Une forte pensée à mes parents, Gérard et Claire,
disparus alors que le projet de ce livre avec les éditions Ellipses prenait forme.

Avant-propos

La volatilité est la dynamique des marchés qui s'expriment, s'agitent, dépriment ou exultent. Si la volatilité est génératrice de perte, c'est aussi elle qui permet les profits. Elle apparaît donc fondamentale et vitale. Ce livre propose d'en explorer diverses facettes, souvent complémentaires, afin de l'intégrer pleinement dans les décisions d'investissements. Un panorama assez large est proposé : ce sont des volatilités – au pluriel – qui sont disséquées à travers une approche scientifique des marchés. On s'attache le mieux possible à faire la part des choses entre la théorie, ses hypothèses et les utilisations professionnelles.

La première partie pose quelques éléments de réflexions sur le risque et rappelle les mesures probabilistes de base. Si ceux-ci sont des redites pour les professionnels et peuvent être rapidement survolés (mais pas ignorés), ils permettent de se familiariser aux concepts fondateurs de la finance et aux données financières. Il est important de se forger cette expérience de la donnée venant des prix en finance qui a une nature particulière : elle traduit aussi (et encore, malgré les algorithmes de plus en plus présents dans les échanges) une opinion subjective d'acheteurs et de vendeurs. Les chapitres suivants entrent beaucoup plus dans la théorie et fournissent des éléments plus rarement mis en avant dans un programme classique, en particulier la décomposition de la volatilité. La deuxième partie, plus technique, est dédiée à la volatilité issue des marchés optionnels. On se placera du point de vue du teneur de marchés d'options, le market-maker, qui est un « fabriquant » de volatilité implicite. Le modèle de Black-Scholes n'est pas rappelé en détail, mais sera très utilisé ainsi que dans la troisième partie. Cette dernière, technique, mais aussi pratique, se consacre aux diverses utilisations des volatilités, implicites ou non, dans des stratégies d'investissement variées. Au bout de votre parcours à travers ses pages, la volatilité devrait être devenue un atout.

La meilleure manière d'aborder l'ouvrage est classique : prendre connaissance de chaque chapitre, sans s'attarder à comprendre les calculs mathématiques (qui seront revus par la suite, en général lorsque l'on souhaite implémenter soi-même les résultats), et examiner le lien qui existe entre eux. Tous les thèmes présentés jusqu'au chapitre 11 (sur les 13) sont revus systématiquement au moins une fois par la suite. Cela permet, avec une lecture linéaire, d'identifier les points les plus importants, réutilisables dans son activité, actuelle ou future, qu'elle soit académique ou professionnelle (en société de gestion ou en salle des marchés). Ce livre ne se substitue pas à un cours de base de finance de marché, il le prolonge en s'appuyant sur plusieurs éléments déjà supposés connus ou facilement accessibles, car présents dans tous les ouvrages classiques.

En effet, pour profiter de ce pas en avant proposé, une lecture profitable suppose une certaine familiarité avec les marchés financiers, de nature soit théorique, soit pratique, et un bon bagage mathématique pour les chapitres les plus techniques. Le lecteur est supposé être confortable avec les définitions des objets financiers usuels, actions, obligations, indices et leurs dérivés, futures, options et leurs (lettres) grecques, le calcul stochastique, les modèles classiques de type Black-Scholes ou l'absence d'opportunités d'arbitrages, sur lesquels on ne reviendra pas en détail. Si nécessaire, deux sources bibliographiques pourront accompagner la lecture en cas de besoin. Dans son livre [1], Sabin Lessard expose les détails des bases du calcul stochastique et une application au modèle de Black-Scholes est proposée. Quant à l'ouvrage de Patrice Poncet et Roland Portait [2], il présente les principaux instruments financiers, leur formalisation mathématique rigoureuse et les principes de la finance moderne.

Les premiers lecteurs sont les étudiants de 4e et 5e année qui se confrontent à la finance de marché, qu'ils soient en université, en école d'ingénieur ou de commerce. Même si, au début de leur parcours, ils n'ont pas abordé encore tous les prérequis pour exploiter le contenu de ce livre, celui-ci donne un peu plus de sens encore à l'apprentissage qu'ils ont entamé. Les jeunes professionnels et les jeunes chercheurs devraient y trouver leur intérêt également, afin de saisir rapidement certains enjeux de leur activité ou d'accélérer la compréhension de certains domaines rarement étudiés, encore moins mis en application. Les investisseurs indépendants sauront aussi consolider leur prise de décision en y intégrant les clés de lecture révélées, une partie des outils présentés étant d'ailleurs directement implémentables sur un tableur. Beaucoup d'illustrations jalonnent la majorité des chapitres, la finance se concrétise par des chiffres et leur visualisation a pour objectif d'éclaircir la compréhension des thèmes abordés.

Mes remerciements vont d'abord à ma famille pour leur soutien (et leur grande compréhension) dans ces travaux d'écriture. J'ai une affectueuse pensée pour mon jury de thèse, composé de Laure Élie et Claude Martini comme directeurs, de Damien Lamberton comme président, de Jacksa Cvitanic, Bernard Lapeyre et Huyên Pham comme rapporteurs. Mes collègues d'Euronext, d'Oddo, de Natixis, d'Edmond de Rothschild, de Montpensier Finance ou de La Financière de l'Échiquier ont fortement influencé mon parcours et la poursuite de ma formation sur les marchés financiers (qui est permanente). Je souhaite aussi rendre hommage à deux remarquables professeurs, aujourd'hui disparus, du Conservatoire National des Arts et Métiers : Messieurs Roland Portait et Michel Fromenteau. Leur appui, à différentes étapes de ma formation, a été pour moi une aide stimulante et précieuse. Toutefois, j'ai écrit ce livre pour mes étudiants, passés, présents et futurs. Je pense en particulier à ceux de l'ENSAI, du Master ISIFAR de l'université Paris Cité (ex-Paris Diderot) et de l'EMAM de l'université Paris Dauphine-PSL, mais aussi à mes auditeurs de formations professionnelles. Une partie de ces enseignements se retrouvent dans ce livre, qu'ils soient remerciés de leur intérêt pour ces cours et présentations. Enfin, je remercie profondément Simon Mauffrey pour sa relecture attentive et attentionnée, puis ses suggestions. Au-delà de sa générosité de me faire profiter ainsi de ses qualités académiques et professionnelles, Simon m'offre surtout une belle preuve d'amitié en ayant accepté cette tâche.

Les erreurs que vous trouverez me sont pleinement imputables. Cependant, si les erreurs mathématiques sont impardonnables, certains désaccords en finance sont inévitables. Les comportements humains entraînent en effet l'inexistence de vérité absolue en finance, en particulier dans les prix.

Table des matières

Partie I. Des volatilités

Chapitre 1 – Incertitude et données

1. Notion de hasard

Le mot « hasard », qui a fait son apparition au XIIe siècle, désigne initialement l'apparition aléatoire et imprévisible d'événements qui ne semblent pas être liés à des causes identifiables. Son origine étymologique remonterait à un jeu de dés arabe, le Az Zahr. Zahr signifie « fleur », et une fleur ornait l'une des faces du dé. Le nom passe ensuite dans la langue espagnole : « azar », puis en français « hasard » et peut alors aussi se rapporter à un coup favorable. Il reste lié à l'univers du jeu (de hasard). Au XIIIe siècle, une connotation négative s'y attache : le mauvais coup puis deux siècles plus tard, il signifie risque ou danger (« les hasards de la guerre »). Au XVIe siècle, il redevient un élément plus neutre associé à un événement imprévu qui survient sans raison apparente, identique au sens usuel actuel.

Cerner et comprendre le hasard apparaît présomptueux mais, de nos jours, il est souvent admis que le « hasard n'existe pas, tout a une cause et une raison d'être », selon Ostad Elahi (1855-1974). René Thom [3] s'oppose à la place laissée au hasard dans le discernement d'un phénomène et dans la cause l'ayant engendrée. En effet, on peut considérer que cet « objet » hasard est une création humaine servant à combler l'absence ou l'insuffisance de compréhension d'un phénomène déterministe, ou l'incapacité (technique, financière…) à produire les informations nécessaires à cette compréhension ou à une mesure exacte. Derrière ce déterminisme inexplicable, le hasard n'est plus un mystère subi et apparaît probabilisable.

2. Risque et incertitude

Le mot « risque » proviendrait de l'italien « risicare », qui signifie « doubler un promontoire », puis « hasard qui peut causer une perte », c'est-à-dire la possible réalisation d'un événement défavorable.

Keynes précise que l'incertitude ne peut être appréciée sans lui adjoindre une part dc subjectivité alors que le risque est une forme d'incertitude qui existe dans les lois de la nature, de la physique et qui peut être évalué à l'aide de probabilité objective [4]. L'incertitude autour de la mesure d'une grandeur est un risque d'erreur probabilisable (c'est pour ce type d'incertitude qu'aurait été introduite la loi de distribution normale).

L'évaluation des risques se représente souvent par la détermination de la probabilité de la réalisation d'un événement néfaste.

3. Le risque en finance de marché

Une intervenant sur les marchés financiers va initier une opération sur un instrument s'il espère en retirer un profit dans un avenir plus ou moins proche. Cette simple considération a deux conséquences importantes. La première : le temps a une certaine valeur et, celle-ci s'exprime à travers l'existence d'un taux d'intérêt. La seconde, est la nécessité de pouvoir projeter l'avenir, en distinguant ce qui est certain et ce qui est incertain dans ce futur, à partir de l'information à disposition au moment de la prise de décision d'opérer.

L'incertitude de l'avenir implique une incertitude sur le résultat de l'opération. C'est l'aléa qui existe autour du profit espéré initialement.

Reprécisons. Tout acte d'investissement consiste à intervenir sur un instrument financier à (au moins) un instant initial, pour espérer un gain sur un horizon de temps limité (pas toujours explicite) ou non (cas de certains organismes sans but lucratif, par exemple). Le profit algébrique (une perte est un profit négatif) réalisé sera fonction de la propension du prix de l'instrument à s'éloigner de son prix initial.

Il y a une asymétrie dans ce cas. Avoir une incertitude sur ce que l'on peut gagner n'est pas similaire à l'incertitude sur ce que l'on peut perdre. Ainsi, le risque vient de l'incertitude sur les rendements futurs de l'instrument financier, et plus précisément, de l'incertitude sur la perte en capital réalisable dans le futur qu'il peut procurer à l'opérateur.

Les performances passées ne préjugent pas des résultats futurs mais une analyse de « l'histoire » pourra aider l'investisseur à :

- savoir quoi attendre des marchés financiers, en particulier à ne pas se focaliser uniquement sur la période des derniers jours, mois ou années,
- connaître les actifs sur lesquels il investit, comprendre leurs pertes et leurs gains ainsi que leurs caractéristiques, notamment à partir d'observations de long terme.

La figure 1-1 synthétise la dispersion d'un actif de type action pour un investissement d'une durée de 1 à 15 ans. Les données sont mensuelles et les rendements maximal, minimal et médian annualisés sont calculés pour chacune des périodes glissantes sur presque 40 ans d'historique. Les étiquettes de données précisent la date de réalisation du rendement maximal ou minimal. Le rendement minimal indique donc la pire performance réalisée et réalisable sur une durée donnée.

Avec cet exemple, on appréhende l'indissociabilité du risque et de l'horizon de placement sur laquelle on reviendra au chapitre 3.

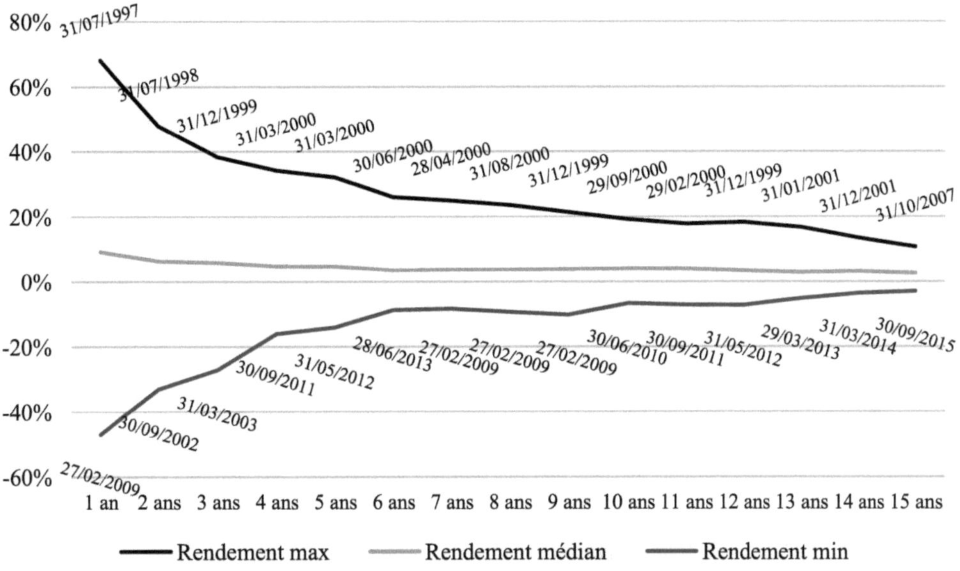

Figure 1-1 Dispersion sur un historique de 39 ans en données mensuelles

Le même exercice est réalisé pour un actif de type obligataire. Le graphique est volontairement à la même échelle sur l'axe des ordonnées pour faciliter la comparaison visuelle entre les deux actifs. L'historique de données est de plus de 25 ans.

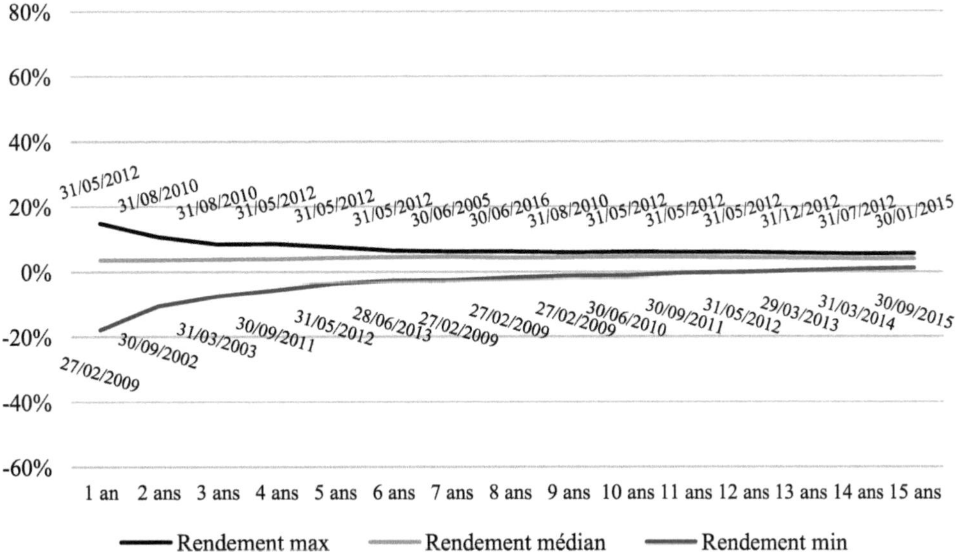

Figure 1-2 Dispersion d'un actif de type obligation, données mensuelles

Ces données montrent qu'il faut attendre 13 ans pour ne pas enregistrer de période glissante négative sur ces obligations, c'est-à-dire pour ne pas subir de perte en capital. Ce n'est bien sûr pas une affirmation, juste un constat historique. Les données nous montrent ainsi que la durée de placement est liée à la notion de risque, mesurée ici par la dispersion des performances, qui elle-même est indissociable des actifs sélectionnés : on remarque également que la dispersion, qui est une mesure de l'incertitude, apparaît moins forte sur les actions que sur les obligations, cela matérialise la hiérarchisation des risques entre les classes d'actifs qui est un outil essentiel dans la construction d'un portefeuille à risque maîtrisé. Le niveau de risque choisi, comme l'horizon de placement, dépend de chaque profil d'investisseur : ses besoins, ses objectifs, sa capacité à accepter une perte notamment.

4. La variation du prix d'un instrument financier

La volatilité sera donc une évaluation, éventuellement grâce aux observations passées, de la propension qu'a le sous-jacent d'enregistrer des fluctuations futures de sa valeur à la hausse comme à la baisse. Il s'agit alors d'une vue prospective et symétrique. Cela peut donc être une mesure de risque, puisque la notion de risque n'a de sens que sur l'incertitude à venir. Une vision purement rétrospective de la volatilité est possible. Dans ce cas, ce regard sur le passé uniquement pour ce qu'il est, se rapporte, de notre point de vue, aux mesures de performances non traitées dans cet ouvrage.

D'où vient la volatilité ? Les marchés financiers rassemblent des intervenants qui ne disposent pas tous de la même information au même moment, ni même la même interprétation d'une même information. Ces intervenants n'ont pas non plus les mêmes objectifs (investissement, protection, vente), ni même les mêmes horizons de réalisation. Cela entraîne des anticipations différentes sur la valeur actuelle et future d'un instrument financier et donc des mouvements de prix cotés. Ce prix est la représentation d'un accord instantané entre un acheteur et un vendeur. Les anticipations évoluant dans le temps, les prix cotés évoluent dans le temps. Ainsi définie, la volatilité d'un titre n'est pas définitive.

Si on prend l'exemple d'une action, l'incertitude de son prix, c'est-à-dire de la valorisation de l'entreprise, provient fortement de la subjectivité humaine, car, pour une entreprise, aucun prix de référence n'existe (la vraie valeur n'existe pas en finance au contraire d'un phénomène physique, comme la position d'une étoile qui est unique, mais incertaine, donc soumise à une erreur).

Dans le cas d'une entreprise, de nombreux facteurs peuvent affecter les variations de cours et générer la volatilité de son action. Au-delà des annonces de résultats ou de perspectives, une fusion, une absorption, une tentative d'offre publique d'achat (OPA), l'arrivée d'un nouvel actionnaire significatif, l'entrée (ou la sortie) de l'action dans la composition d'un indice, etc., influenceront les anticipations des acteurs de marché sur le titre et donc sa volatilité. Lorsque les écarts de cours sont faibles, cela matérialise une convergence d'opinion des opérateurs. Si tous ont des anticipations similaires, la volatilité du titre est peu élevée. À l'inverse, lorsque ces écarts s'élargissent, cela caractérise des opinions contraires et des attentes très différentes d'un opérateur à l'autre. Des hésitations surgissent, car il devient plus difficile de se forger une anticipation.

La figure 1-3 présente les variations quotidiennes relatives, autrement dit les performances journalières, d'un actif coté depuis 1987.

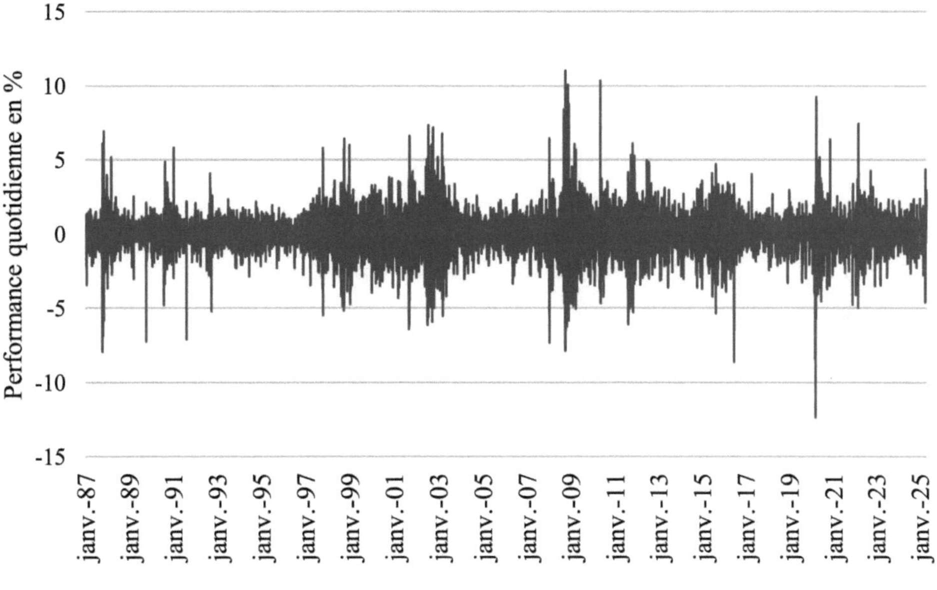

Figure 1-3 Historique de performances quotidiennes d'un instrument de type action

L'observation nous montre qu'il existe des périodes où les amplitudes sont fortes reflétant les périodes de tensions sur les marchés financiers actions (1987, 1990-1991, 1997-1998, 2001, 2002-2003, 2008, 2010, 2011, 2016, 2020, 2022, 2025) et d'autres où elles sont plus faibles. Nous observons également des successions de jours de forte (respectivement faible) amplitude de prix sur des périodes plus ou moins longue. Ces manifestations définissent le clustering des données de performances : des accumulations, ou régimes, de fortes amplitudes se forment, suivies d'accumulations de faibles amplitudes.

Ces données proviennent du passé, ce sont les premiers éléments nous permettant d'apprécier la volatilité d'un actif. Cette volatilité issue des données passées est appelée volatilité historique. C'est pourtant la première approche permettant d'imaginer le comportement futur d'un titre coté. Toutefois, ceci n'est pertinent que si ce passé est une bonne approximation de l'avenir. Afin d'atténuer cette bizarrerie, le praticien pourra aller chercher dans les données à sa disposition une période qui lui semble représentative de l'avenir qui l'intéresse. La réponse théorique à ceci est par nature limitée.

5. Le besoin d'une mesure

1. Le rôle primordial du temps

La volatilité historique mesure l'amplitude des variations (la dispersion) passées du prix d'un instrument financier.

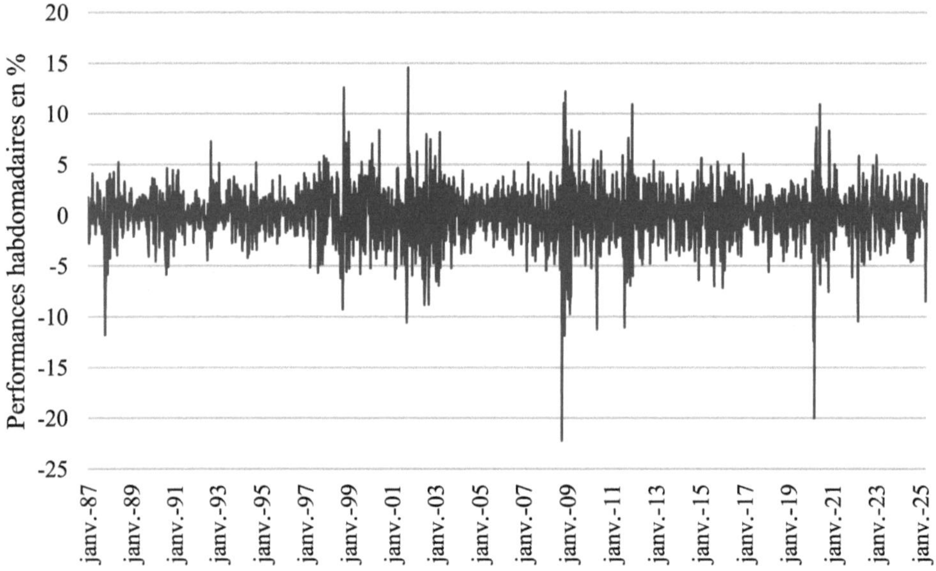

Figure 1-4 Historique de performances hebdomadaires d'un instrument de type action

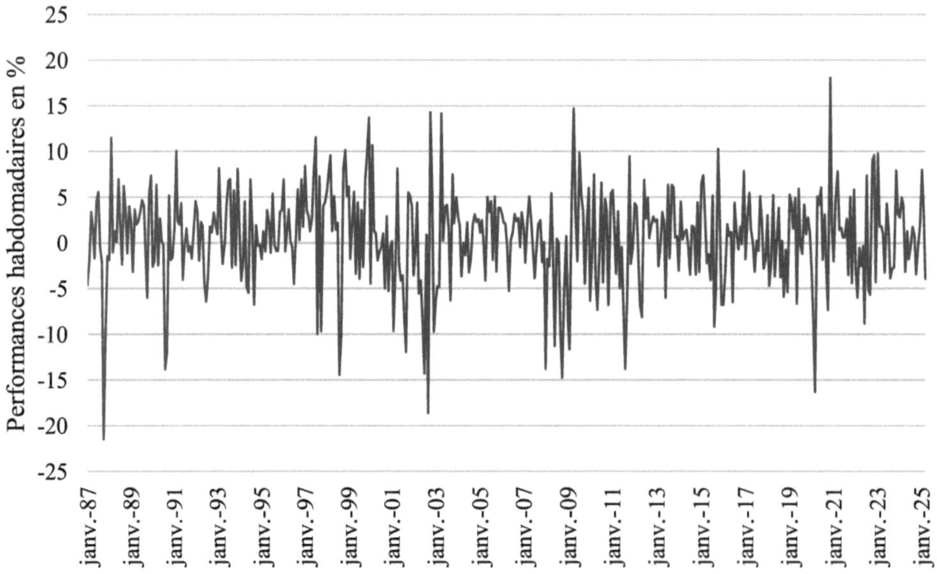

Figure 1-5 Historique des performances mensuelles d'un instrument de type action

Suite aux variations quotidiennes de la figure 1-3, traçons les graphes pour des amplitudes hebdomadaires (figure 1-4) et mensuelles (figure 1-5) et étudions graphiquement ces séries de données. Tout d'abord, ci-dessous, un tableau présente les variations minimale et maximale ainsi que les dates de réalisation. Celles-ci indiquent la fin de la journée, de la semaine ou du mois, les performances sont en pourcentage.

Actions	Jour	Semaine	Mois
Min	– 12,40	– 22,22	– 21,48
Date min	13/10/2008	10/10/2008	30/10/1987
Max	11,00	14,56	18,06
Date max	12/03/2020	13/10/2008	30/11/2020

On constate qu'il est compliqué de comparer les amplitudes sur des fréquences différentes : les variations extrêmes ne se déroulent pas aux mêmes périodes. La valeur absolue de l'écart entre les variations extrêmes pour chaque série n'informe pas mieux.

Actions	Jour	Semaine	Mois
Écart	23,40	36,78	39,55

En particulier, il est difficile de distinguer l'intervalle des amplitudes possibles sur une semaine ou sur un mois. De plus, l'unité de temps n'est pas bien prise en compte sur ces seules données. Enfin, la comparaison entre les différentes périodicités peut amener à des interprétations différentes alors que les données sont tirées d'un même échantillon.

2. Le rôle primordial de la nature des données

Nous poursuivons la réflexion en introduisant les variations d'un actif obligataire d'un état européen. Si on reprend les observations de la section 4 pour une action, les deux instruments financiers sont de nature différente, c'est-à-dire qu'ils sont chacun soumis à des facteurs de marché différents, pourtant, on constate des similitudes : l'existence de régime de variations des prix, des valeurs extrêmes ponctuelles indiquant des périodes de tension.

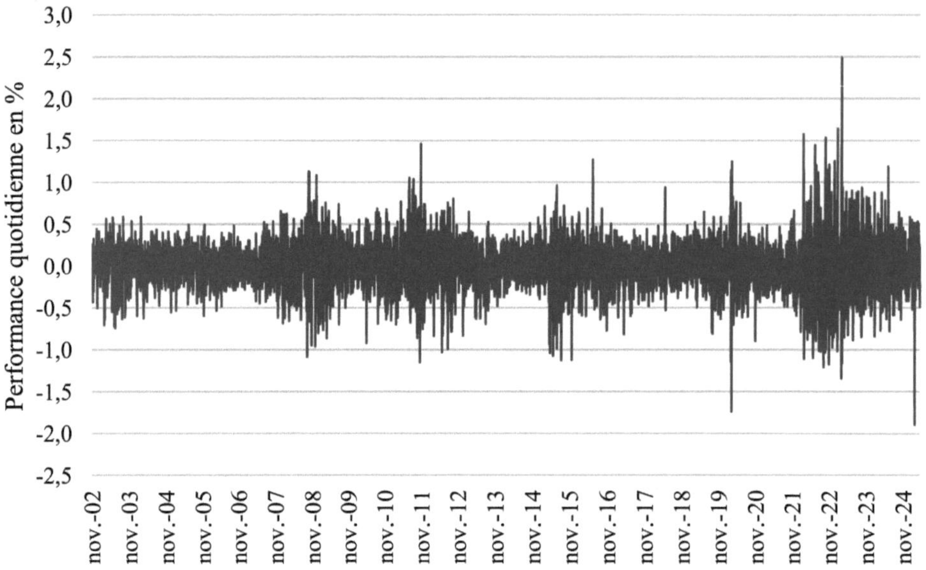

Figure 1-6 Historique des performances quotidiennes d'une obligation

En reproduisant un tableau comparatif à partir des données de la figure 1-3 depuis novembre 2002, l'amplitude des gains et des pertes, ou encore les dates de réalisation des événements extrêmes n'ont rien en commun.

Jour	Actions	Obligations
Min	– 12,40	– 1,89
Date min	13/10/2008	05/03/2025
Max	11,00	2,49
Date max	12/03/2020	15/03/2023

Les minimum et maximum peuvent être une première estimation du comportement possible de chaque actif. Les risques de perte ne sont pas comparables, on reparle alors de hiérarchisation des risques entre les actifs. Cette hiérarchisation devra être capturée par toute mesure de risque. L'écart dans les espérances de gain caractérise également les différences entre les actifs financiers.

Nous poursuivrons l'analyse des données dans le chapitre suivant, qui reste à ce stade très succincte. Se focaliser sur les variations extrêmes, si c'est un moyen visuel pratique, est évidemment insuffisant. Pour pouvoir traiter le grand nombre de données financières, il va falloir utiliser des mesures qui résument ce que l'on perçoit sur le graphique ci-dessus. Ces mesures de traitement de données se trouvent dans les domaines mathématiques des probabilités et des statistiques.

Chapitre 2 – Mesures et données

Nous supposons connu le formalisme probabiliste et statistique. Les rappels qui suivent permettent de fixer certaines notations.

1. Rendements

Un rendement (ou performance ou rentabilité) en t_1 fait intervenir deux dates t_0 et t_1 et deux valeurs S_0 et S_1 d'une même variable (aléatoire ou non) associée à chacune de ces dates. La définition du rendement la plus utilisée est celle du rendement arithmétique :

$$R_1 = \frac{S_1 - S_0}{S_0}$$

qui représente, en termes de fraction de S_0, l'écart entre S_0 et S_1. C'est une mesure relative de cet écart. On utilise aussi le rendement logarithmique :

$$R_1' = ln\left(\frac{S_1}{S_0}\right)$$

Cette seconde définition a plusieurs avantages. Ces rendements peuvent s'additionner pour donner le rendement cumulé entre deux dates plus éloignées, car :

$$ln\left(\frac{S_n}{S_0}\right) = ln\left(\frac{S_1}{S_0}\right) + ln\left(\frac{S_2}{S_1}\right) + \ldots + ln\left(\frac{S_n}{S_{n-1}}\right)$$

De plus, le rendement entre S_0 et S_1 aura la même amplitude que celui entre S_1 et S_0.

Lorsque $\frac{S_1 - S_0}{S_0}$ est proche de zéro, on a l'approximation :

$$ln\left(\frac{S_1}{S_0}\right) = ln\left(1 + \frac{S_1 - S_0}{S_0}\right) \simeq \frac{S_1 - S_0}{S_0}$$

On utilise souvent dans les modèles la notion de rendement instantané. C'est le rendement d'une variable entre t et $t + dt$ où dt représente un écart de temps infinitésimal (c'est-à-dire infiniment petit, c'est en quelque sorte le plus petit écart que l'on puisse considérer). Dans ce cas, l'approximation précédente devient une égalité et les notions de rendements arithmétique et logarithmique coïncident. Le rendement sera alors

$$\frac{S_{t+dt} - S_t}{S_t}$$

et avec les notations du calcul différentiel, $dS_t = S_{t+dt} - S_t$, il s'écrit

$$\frac{dS_t}{S_t} = d\ln(S_t)$$

2. Moyenne

La moyenne (théorique) d'une variable aléatoire X est notée $E[X]$ (lire espérance de X). Dans le cas d'une loi discrète, elle est définie en pondérant les probabilités de l'événement par la valeur du résultat associé. Pour une loi continue sur $\mathbb{R}$, elle est définie par

$$E[X] \overset{def}{=} \int_{-\infty}^{\infty} y\, f(y)dy$$

Lorsque l'on utilise les réalisations de variables aléatoires ou simplement des données, la moyenne arithmétique (parfois nommée moyenne empirique) discrète est définie par $\overline{x} = \frac{1}{n}\sum_{i=1}^{n} x_i$, la moyenne géométrique discrète est $(\prod_{i=1}^{n} x_i)^{1/n}$.

La moyenne pondérée utilise un autre système de poids que l'équipondération. Si on se donne des réels w_i tels que $w_i > 0$ et $\sum_{i=1}^{n} w_i = 1$ toutes les moyennes précédentes se généralisent. Par exemple, la moyenne pondérée arithmétique est $\sum_{i=1}^{n} w_i x_i$.

Lorsque c'est la moyenne d'un processus continu W sur un intervalle de temps $[t, T]$ qui nous intéresse on peut définir aussi la moyenne arithmétique continue par $\frac{1}{T-t}\int_t^T W_u du$ et la moyenne géométrique continue par $\frac{1}{T-t}\exp\left(\int_t^T \ln W_u du\right)$.

3. Écart-type et variance

Ces notions permettent de mesurer l'écart de la variable X par rapport à une valeur fixée, en général sa moyenne, mais ce n'est pas toujours le cas.

La variance (théorique) est définie par

$$VarX \overset{def}{=} E[(X - E[X])^2] \overset{calculs}{=} E[X^2] - (E[X])^2$$

Dans le cas continu,

$$VarX = \int_{-\infty}^{\infty} (y - E[X])^2 f(y)dy$$

La variance empirique (sur des données) se définie par $\frac{1}{n-1}\sum_{i=1}^{n} (x_i - \overline{x})^2$. C'est aussi un estimateur au sens statistique de la variance, si les données utilisées sont un échantillon (statistique) de la population totale des données.

On peut transformer cette formule et, par exemple, remplacer $\overline{x}$ par une autre valeur plus intéressante, une autre référence. Si cette valeur n'est pas dans l'ensemble de n réalisations, par exemple x_0, une variance pourrait s'écrire :

$$\frac{1}{n}\sum_{i=1}^{n} (x_i - x_0)^2 \qquad (2.1)$$

Attention ici, car les propriétés algébriques de la variance standard sont alors perdues. Tout comme la moyenne, on peut parler de variance géométrique, continue ou discrète, mais ces notions ne sont pas courantes. L'écart-type se définie par la racine carrée de la variance, quelle que soit la notion de variance utilisée.

Remarque

La division par $n-1$ ou par n provient du choix du type d'estimateur (biaisé ou non). Ici, nous choisissons des estimateurs sans biais. Pour le premier estimateur de variance ci-dessus, il y a n données non redondantes (diviseur $n-1$), pour le second il y en a $n+1$ (diviseur n). Se référer à un ouvrage de statistique mathématique pour les subtilités, comme celui de Marchal [5].

Pour compléter, la variance pondérée s'écrit $\sum_{i=1}^{n} w_i(x_i - \sum_{i=1}^{n} w_i x_i)^2$.

4. Covariance et corrélation

La covariance entre deux variables aléatoires est définie par

$$\begin{aligned} cov(X,Y) &\overset{def}{=} E\big((X-E[X])(Y-E[Y])\big) \\ &= E(XY) - E[X]E[Y] \end{aligned}$$

La corrélation est alors définie comme

$$corr(X,Y) = \frac{cov(X,Y)}{\sqrt{VarX}\sqrt{VarY}}$$

et prend ses valeurs dans $[-1,1]$, les bornes n'étant atteintes que lorsque les variables sont en relation totalement linéairement. Leurs équivalents empiriques sont (en conservant la même notation) :

$$cov(X,Y) = \frac{1}{n}\sum_{i=1}^{n} (x_i - \overline{x})(y_i - \overline{y})$$

$$\begin{aligned} corr(X,Y) &= \frac{\frac{1}{n}\sum_{i=1}^{n} (x_i - \overline{x})(y_i - \overline{y})}{\sqrt{\frac{1}{n}\sum_{i=1}^{n} (x_i - \overline{x})^2}\sqrt{\frac{1}{n}\sum_{i=1}^{n} (y_i - \overline{y})^2}} \\ &= \frac{\sum_{i=1}^{n} (x_i - \overline{x})(y_i - \overline{y})}{\sqrt{\sum_{i=1}^{n} (x_i - \overline{x})^2}\sqrt{\sum_{i=1}^{n} (y_i - \overline{y})^2}} \in [-1,1] \end{aligned}$$

Cette dernière mesure évalue le niveau de dépendance linéaire (et seulement celle-ci). Cela ne donne aucune information sur la causalité, ni sur la dépendance non linéaire, il faut absolument avoir ceci en tête dès qu'on l'utilise.

On note aussi la propriété suivante, avec a, b, c constantes :

$$Var(aX + bY + c) = a^2 VarX + b^2 VarY + 2ab\, cov(X,Y)$$

Ces notions restent très utilisées car elles permettent des manipulations de calcul algébrique, en particulier à l'aide du calcul matriciel. La finance de marché use et abuse de ces outils dont il est absolument crucial de connaître les limites théoriques. On renvoie à l'ouvrage de Marchal [5] ou celui de Saporta [6] pour les compléments statistiques indispensables par la suite.

5. Filtrage

Le filtrage consiste à introduire un autre système de poids dans les définitions empiriques (qui ne sont en fait que diverses moyennes) introduites. Le poids attribué par défaut à chaque donnée en « $\frac{1}{n}$ » est identique (ou mieux dit uniforme) pour chaque donnée, mais nous pouvons imaginer utiliser un autre système de poids, dont la seule condition est que la somme totale des poids soit égale à 1. Ceci s'utilise souvent lorsque les données proviennent d'un processus (aléatoire ou non) X_t où le temps est un élément important.

Le principe est d'affecter un poids positif à une observation et d'affecter un poids plus important à une observation plus récente.

On rencontre souvent le système suivant, appelé EWMA pour Exponential Weighted Moving Average : à l'instant t on associe à la donnée x_{t-j} le poids $\lambda^j(1-\lambda)$ en choisissant $\lambda < 1$ et j un entier naturel. A priori, un tel système n'a de sens que pour une période d'observation infinie puisque

$$\sum_{j=0}^{\infty} \lambda^j(1-\lambda) = 1$$

Toutefois, comme les calculs vont se faire de manière récursive, et que le poids des données les plus lointaines va rapidement décroître, ceci ne sera pas gênant à l'usage.

Théoriquement, on calculera la moyenne, la variance et la covariance en utilisant toutes les données connues jusqu'en t (d'où l'indice t dans les notations), à partir des formules suivantes :

$$\overline{x}_t = (1-\lambda)\sum_{j=0}^{\infty} \lambda^j x_{t-j}$$

$$\hat{\sigma}_t^2 = (1-\lambda)\sum_{j=0}^{\infty} \lambda^j \left(x_{t-j} - \overline{x}_t\right)^2$$

$$\widehat{cov}_t(X,Y) = (1-\lambda)\sum_{j=0}^{\infty} \lambda^j \left(x_{t-j} - \overline{x}_t\right)\left(y_{t-j} - \overline{y}_t\right)$$

En pratique, à partir de l'ensemble des données initiales, une première valeur sera calculée (étape d'initialisation), puis chaque nouvelle donnée qui arrive avec le temps modifie les estimateurs de la manière suivante :

$$\overline{x}_{t+1} = (1-\lambda)\,\overline{x}_t + \lambda\, x_{t+1} = \overline{x}_t + \lambda(x_{t+1} - \overline{x}_t)$$

$$\hat{\sigma}_{t+1}^2 = (1-\lambda)\,[\hat{\sigma}_t^2 + \lambda(x_{t+1} - \overline{x}_t)]$$

En finance, les standards sont $\lambda = 0{,}94$ (pour les données quotidiennes) ou $\lambda = 0{,}97$ (données hebdomadaires ou plus espacées). Ces valeurs résultent d'un choix de répartition des poids. Pour des données quotidiennes, avec $\lambda = 0{,}94$, les valeurs au-delà de 1 mois d'historique représentent moins de 15% des poids cumulés, la donnée la plus récente aura pour poids 6%. C'est la pondération voulue des données qui guide le choix du coefficient.

6. Application aux rendements des actifs

Le rendement d'une variable financière sur une période élémentaire (souvent quotidienne, hebdomadaire ou mensuelle) finissant en t est noté ici R_t. La volatilité sur cette période est l'écart-type des rendements. On note μ_t la moyenne des n dernières valeurs de R_t c'est-à-dire :

$$\mu_t = \frac{1}{n}\sum_{k=1}^{n} R_{t-k+1}$$

La variance est obtenue par (estimateur sans biais ici) :

$$\sigma_t^2 = \frac{1}{n-1}\sum_{k=1}^{n} (R_{t-k+1} - \mu_t)^2 = \frac{1}{n-1}\left[\left(\sum_{k=1}^{n} {R_{t-k+1}}^2\right) - n * {\mu_t}^2\right]$$

La volatilité historique est la racine carrée de la variance. C'est un estimateur de la variation relative (en valeur absolue) moyenne sur une période passée autour d'un rendement moyen. Le terme « estimateur » s'entend au sens d'approximation et non au sens statistique. En statistique, on admet qu'il faudrait au minimum 30 rendements pour obtenir une bonne approximation, alors que, si l'on souhaite connaître la volatilité mensuelle moyenne sur une année bien précise, on aura forcément que 12 points pour calculer la volatilité et le résultat sera bien la mesure cherchée.

À partir de cette formule, les graphiques suivants présentent la volatilité glissante σ_t sur un an pour un actif de type action selon différentes périodicités.

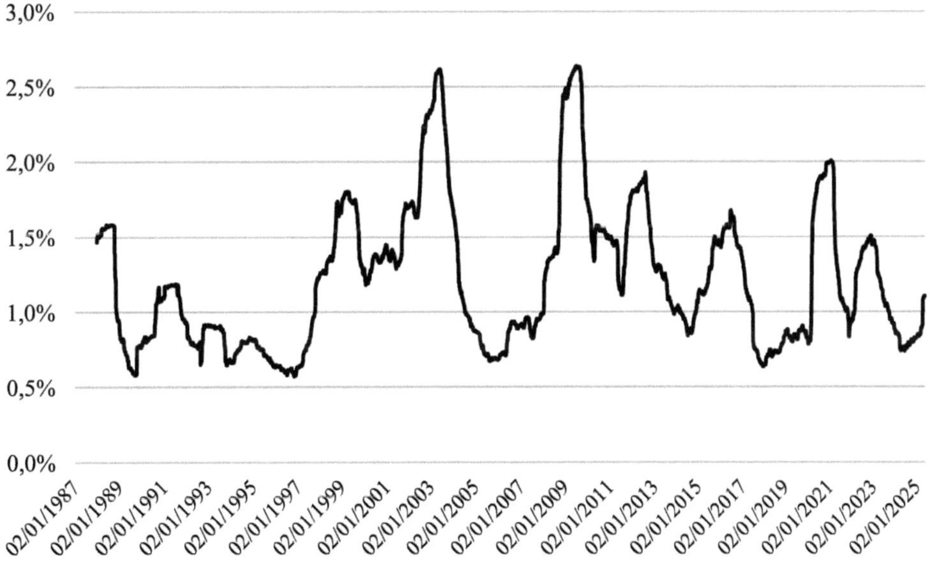

Figure 2-1 Volatilité quotidienne glissante sur 256 jours

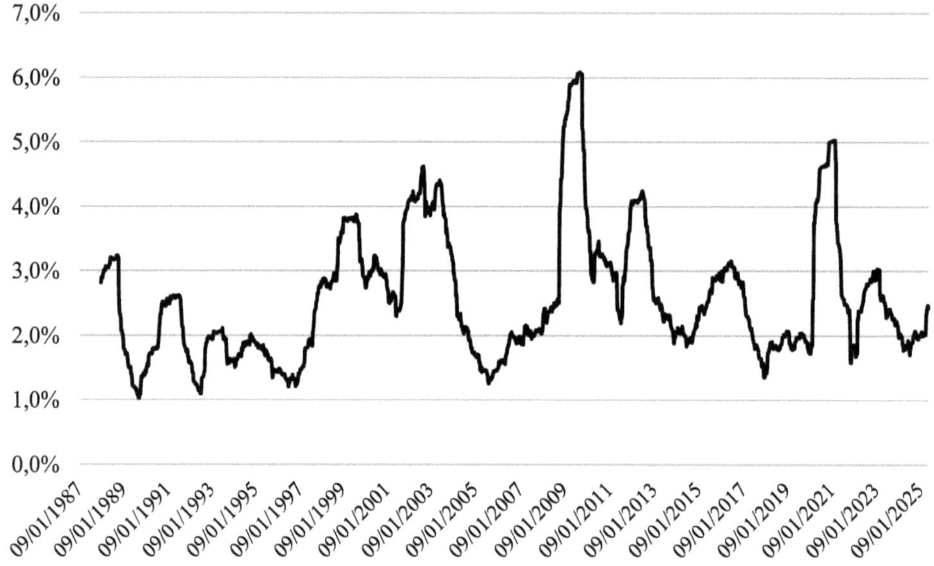

Figure 2-2 Volatilité hebdomadaire glissante sur 52 semaines

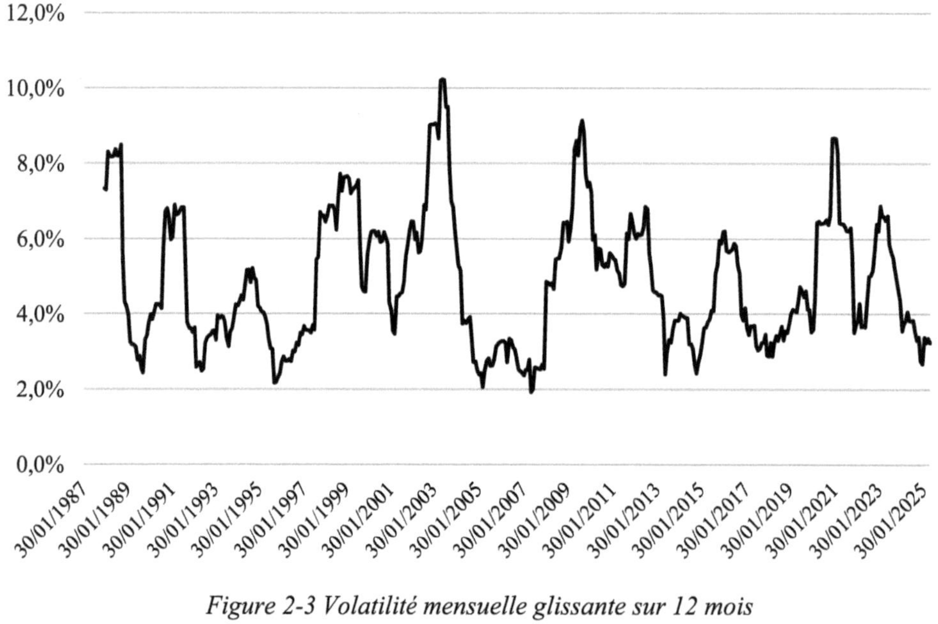

Figure 2-3 Volatilité mensuelle glissante sur 12 mois

L'adjectif glissant signifie que le calcul ci-dessus est réalisé à chaque incrémentation de date selon le pas de temps de référence (jour, semaine ou mois, par exemple). Deux calculs successifs ne diffèrent donc l'un de l'autre que par les performances la plus ancienne et la plus récente de l'intervalle de temps considéré (256 jours, 52 semaines ou 12 mois).

La volatilité n'est pas stable dans le temps, quelle que soit sa méthode de calcul. On constate qu'à long terme, elle n'a pas de tendance et oscille autour d'une moyenne qui dépend de la période d'observation et de la périodicité : c'est ce qu'on appelle le phénomène de retour à la moyenne. Cette stationnarité est très étudiée, car elle indique que les propriétés statistiques de la série de données sont relativement stables dans le temps. L'étude avancée de telles séries temporelles est le domaine de l'économétrie, dont une présentation pourra être trouvée dans [7]. Le retour à la moyenne est surtout un indicateur précieux pour les financiers puisqu'il permet de se forger une opinion sur le niveau actuel de la série relativement à son historique. Cela donne du sens à l'utilisation des données passées pour comprendre le comportement futur d'une donnée financière.

Ces volatilités de périodicités différentes mais sur une durée identique de plus de 30 ans ont des amplitudes assez inégales ce qui rend leur comparaison délicate. Pourtant, elles recèlent une information très similaire. Il va être nécessaire de trouver une méthode d'harmonisation, tout en gardant en tête que le temps modifie la perception du risque. Ceci fait l'objet d'une partie du prochain chapitre.

Chapitre 3 – Volatilité dans les modèles

1. Modèle de Black-Scholes

Sans spécifier les fondements de ce modèle, supposés bien connus, nous rappelons quelques grands principes. Sous des hypothèses techniques (notamment la loi de probabilité sous laquelle évoluent les processus, on travaille ici sous la loi de probabilité risque-neutre et non sous la probabilité réelle), le modèle de Black-Scholes (voir [8]) suppose que le rendement instantané d'un actif S (qui ne verse pas de dividende pour simplifier dans un premier temps) de prix noté S également (cet abus est souvent fait dans la littérature : le nom et le prix sont confondus) se modélise par l'équation différentielle stochastique suivante (ou EDS) :

$$\frac{dS_t}{S_t} = rdt + \sigma dW_t$$

$$S_0 = x > 0$$

Cette deuxième équation signifie que la valeur initiale S_0 du cours de l'actif est connue lorsque ce modèle est spécifié. $t_0 = 0$ est l'instant initial et t est un instant dans le futur incertain. La manipulation de ce modèle nécessite l'utilisation du calcul stochastique dont les principes se trouvent, par exemple, dans [1]. Cette EDS décrit l'évolution du rendement instantané de l'actif S de la façon suivante : en moyenne, il évolue dans le temps au taux (continu) r et un bruit aléatoire, décrit par dW_t mouvement brownien instantané lui-même amplifié par le coefficient σ, vient perturber ce rendement. Puisque l'on connaît la loi de probabilité de dW_t, on connaît celle du rendement instantané en fonction des paramètres du modèle. C'est une loi normale de moyenne $r\,dt$ et de variance $\sigma^2 dt$. Le calcul stochastique permet de donner la solution explicite de l'équation différentielle stochastique, qui est la variable aléatoire suivante, indexée par le temps :

$$S_t = S_0 \exp\left[\left(r - \frac{\sigma^2}{2}\right)t + \sigma W_t\right]$$

On voit en particulier que cette modélisation est compatible avec le fait qu'un prix d'actif soit toujours positif. On remarque de plus que

$$ln(S_t) = ln(S_0) + \left(r - \frac{\sigma^2}{2}\right)t + \sigma W_t$$

suit une loi normale de moyenne $\ln(S_0) + \left(r - \frac{\sigma^2}{2}\right)t$ et de variance $\sigma^2 t$. On dit que S suit une loi log-normale. Autrement dit, le rendement (logarithmique) $\ln\left(\frac{S_t}{S_0}\right)$ suit une loi normale de moyenne $\left(r - \frac{\sigma^2}{2}\right)t$ et de variance $\sigma^2 t$.

Le juste prix (sous toutes les hypothèses irréalistes de ce modèle), d'un call (par exemple, c'est similaire pour un put) à l'instant t, prend la forme suivante :

$$C_t = e^{-r(T-t)}E[\max(S_T - K, 0)]$$

si T est l' échéance (ou la maturité, ou la date d'expiration) et K le prix d'exercice (ou strike) du contrat. Le calcul de cette espérance actualisée, à l'aide de la loi de S_T déterminée en t, à la forme

$$C_t = D_t S_t - Ke^{-r(T-t)}d_t$$

où $T - t$ est la maturité résiduelle, D et d sont des variables (positives dans le cas du call) qui évoluent dans le temps et qui dépendent de tous les paramètres (temps, volatilité, taux, strike, S_t). Ces notions sont supposées maîtrisées dans la suite (se référer à [1] ou [2] si nécessaire).

Le succès de cette formule n'est pas seulement qu'elle permet le calcul de la valeur du contrat optionnel. Elle est donnée, en effet, explicitement, sous la forme d'un portefeuille permettant de répliquer le prix de l'option à tout instant. L'examen de la formule de Black-Scholes montre que le juste prix, dans l'exemple d'un call ci-dessus, est équivalent à un portefeuille d'instruments financiers, combinant une quantité algébrique D_t du sous-jacent S, titre sur lequel le contrat optionnel est écrit, et une autre quantité algébrique $-Kd_t$ de liquidité rémunérée au taux continu r. « Algébrique » signifie que les quantités peuvent être négatives, correspondant alors à un emprunt (de titres ou d'argent).

1. La volatilité historique

Au chapitre précédent, le terme volatilité s'utilise lorsque l'on mesure les amplitudes de variations d'un prix, c'est-à-dire les rendements (ou rentabilités) d'une série financière. Elle est historique lorsqu'on la calcule à partir des données passées, comme nous l'avons calculée dans le chapitre 2.

Dans le modèle de Black-Scholes, le rendement (logarithmique) sur un espace de temps constant Δt admet pour variance

$$Var\left(\ln\frac{S_{t+\Delta t}}{S_t}\right) = \sigma^2 \Delta t$$

D'autre part, si l'on utilise l'estimateur standard de la variance vu dans le chapitre 2, on peut estimer cette même variance à l'aide d'un échantillon de réalisations de ce rendement (logarithmique), noté $r_1, ..., r_N$, en écrivant :

$$\widehat{Var\left(\ln\frac{S_{t+\Delta t}}{S_t}\right)} = \frac{1}{N-1}\sum_{i=1}^{N}(r_i - \overline{r})^2$$

Un estimateur de σ est donc donné par :

$$\hat{\sigma} = \sqrt{\frac{1}{\Delta t}\frac{1}{N-1}\sum_{i=1}^{N}(r_i - \overline{r})^2} \qquad (3.1)$$

Cette formule a déjà été rencontrée, c'est la volatilité historique $N\Delta t$ jours lorsque l'échantillon des rendements est déterminé à partir du passé d'une série de rentabilités financières. Le coefficient σ est donc cohérent avec la volatilité historique telle que calculée directement sur des données. Il est appelé volatilité du modèle Black-Scholes. En pratique, on pourra calculer cette volatilité à partir de la formule donnant l'écart-type de rendements logarithmiques comme ci-dessus ou de rendements arithmétiques, plus usuels.

Remarques

1) Cet estimateur a été obtenu en supposant la normalité du rendement du prix. Ceci permet d'utiliser les quantiles de la loi normale pour exprimer que le rendement d'un actif est asymptotiquement, grâce au théorème central limite, à 68% de probabilité environ dans l'intervalle $[\bar{r}-\hat{\sigma};\bar{r}+\hat{\sigma}]$.

2) N est la taille de l'échantillon et on a utilisé ici l'estimateur sans biais de l'écart-type. D'autres estimateurs peuvent être utilisés selon les besoins.

Cette approche permet d'expliquer une manipulation très courante : l'annualisation de la volatilité. Lorsqu'on estime celle-ci, si on utilise des performances quotidiennes, on obtiendra une volatilité quotidienne, si on l'estime avec des performances hebdomadaires, la volatilité sera hebdomadaire. Il est courant de l'annualiser, souvent pour comparer les volatilités de différents actifs par exemple.

L'annualisation découle de la dernière équation (3.1) et sera vite comprise sur une application. Le calendrier est boursier : le nombre de jours dans l'année est le nombre de jour de cotation de la bourse, disons 256 jours. Supposons que nos données d'estimation, c'est-à-dire les rendements, soient observées sur une période journalière. Dans ce cas, $\Delta t = 1$ jour et la volatilité exprimée est quotidienne. C'est le calcul que nous avons fait au chapitre 2. Si l'on choisit $\Delta t = \frac{1}{256}$ année, la volatilité calculée est annuelle. D'après l'équation (3.1) on a donc :

$$\sigma_{annuelle} = \sigma_{quotidienne}\sqrt{256}$$

La variance est donc, elle, proportionnelle au temps.

Remarques

1) Derrière cette annualisation se cachent en réalité des hypothèses fortes, liées à la modélisation par un mouvement brownien. Se reporter à l'annexe de ce chapitre pour aller plus loin.

2) Le nombre de jours ouvrés dans une année varie avec les pays, les années, les types d'instruments cotés. C'est un paramètre à prendre en compte et non une constante universelle. Selon les usages, on pourra également utiliser 252 ou 260 jours. Le nombre de 256 jours a longtemps été utilisé car sa racine carrée vaut exactement 16 et permettait ainsi des calculs mentaux aisés à une époque où les options se traitaient sans l'aide de calculateurs. C'est la convention que nous utiliserons dans la suite de cet ouvrage.

Le graphique suivant reprend les données du chapitre précédent en les annualisant respectivement par un facteur de $\sqrt{256}$ pour la volatilité quotidienne, $\sqrt{52}$ pour la volatilité hebdomadaire ou $\sqrt{12}$ pour la volatilité mensuelle.

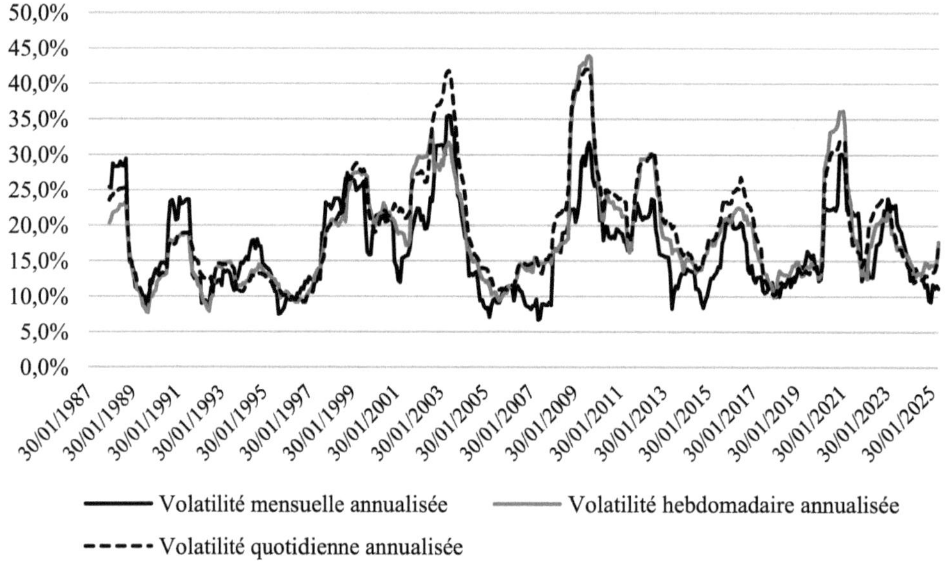

Figure 3-1 Annualisation d'une volatilité action selon différentes fréquences de données

Les courbes présentent un ordre de grandeur cohérent cette fois, elles se distinguent d'ailleurs difficilement parfois sur le graphe : l'information captée grâce aux séries de rendements est similaire. Si des écarts subsistent (au-delà des conventions puisqu'il n'y a ni exactement 52 semaines dans une année ni 256 jours ouvrés chacune des années utilisées), c'est que le modèle, et les hypothèses qu'il nécessite, ne sont pas complétement fidèles à la réalité des données. On renvoie à l'annexe de ce chapitre pour approfondir ce point technique. Toutefois, on comprend déjà que la perception du risque à travers ces mesures dépend de l'horizon qui est pris en compte. Sur ces données, la volatilité issue d'une observation mensuelle possède des pics moins élevés que les mesures obtenues par de plus faibles fréquences. Comme avec les graphiques de dispersion du chapitre 1, le temps atténue les variations de prix de court terme.

2. Volatilité et horizon

Dans le modèle de Black-Scholes, nous examinons la prise en compte d'un horizon de temps non élémentaire. On note $R_{0,T} = S_T/S_0 - 1$ le rendement arithmétique sur la période $[0,T]$. T est exprimé en années. Le rendement annualisé est $(1 + R_{0,T})^{1/T} - 1$. Le rendement attendu capté sur $[0,T]$ est donné par l'espérance :

$$E(R_{0,T}) = E(S_T/S_0) - 1 = exp(rT) - 1$$

L'écart-type du rendement à horizon T est :

$$\sigma(R_{0,T}) = \left[Var(R_{0,T})\right]^{1/2} = exp(rT) * [exp(\sigma^2 T) - 1]^{1/2}$$

Les détails du calcul sont donnés dans l'annexe de ce chapitre.

L'écart-type dépend de la rentabilité instantanée r attendue, de l'horizon et de la volatilité σ qui est, telle que définie par le modèle de Black-Scholes, une mesure intemporelle du risque exprimée en année.

Si $\sigma^2 T << 1$, le terme entre crochets est approximé (grâce à une formule de Taylor à l'ordre 1) par $\sigma\sqrt{T}$. L'approximation $\sigma(R_{0,T}) = \sigma\sqrt{T}$ est acceptable si rT et $\sigma^2 T$ sont suffisamment petits, donc éventuellement si T est suffisamment petit. Cette écriture de l'écart-type ne doit pas être confondue avec l'opération d'annualisation de la volatilité.

Prenons quelques exemples d'application entre le calcul exact dans le modèle de Black-Scholes et son approximation. Dans le premier cas (figure 3-2), on suppose que le rendement attendu est 0% et la volatilité est de 20%.

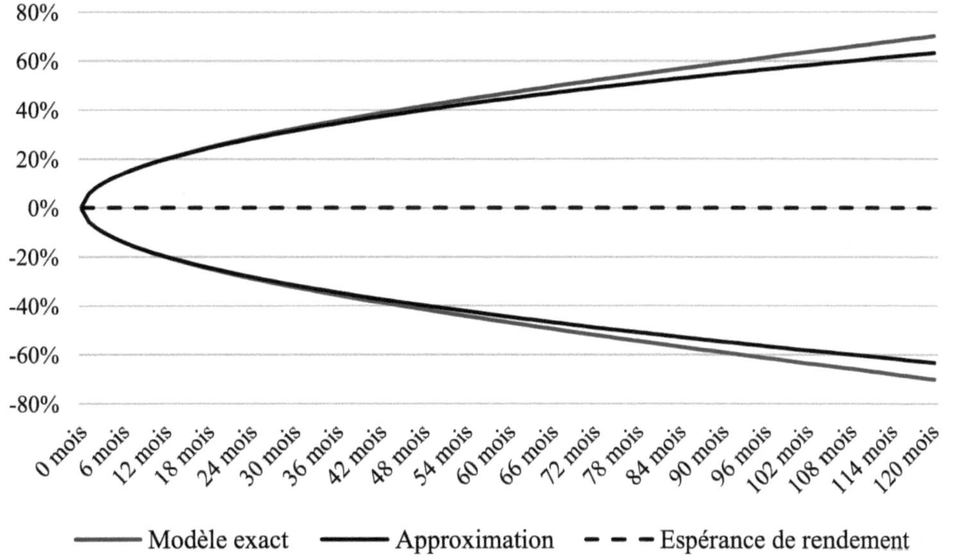

Figure 3-2 Calcul exact du modèle et approximation (rendement attendu de 0% par an)

La figure 3-2 montre la différence de résultat entre l'approximation et l'écart-type exact dans le modèle de Black-Scholes. Pour des horizons de quelques années, l'approximation est suffisante.

Ensuite, nous introduisons un petit objectif de performance de 2% par an, ce qui correspond par exemple à un taux sans risque, au moins dans certaines configurations de marché.

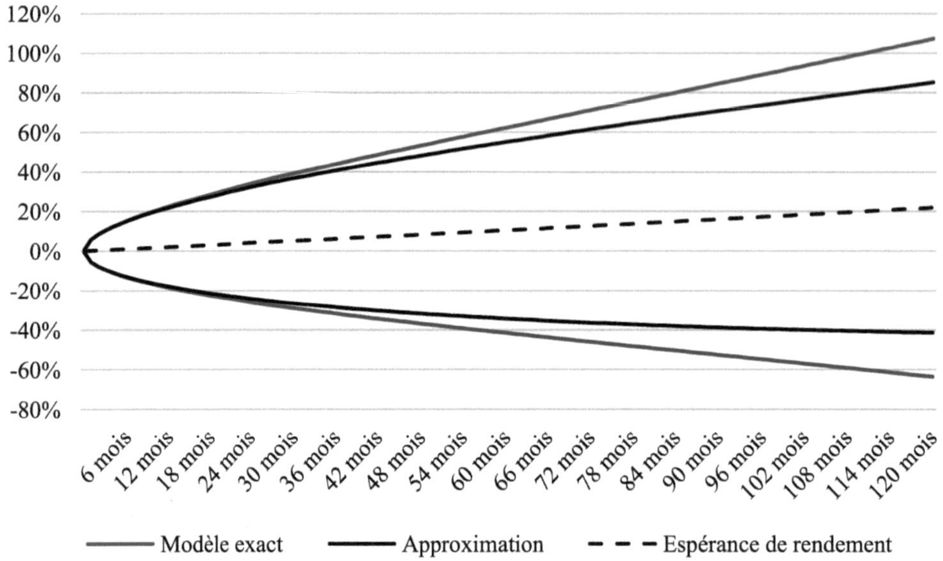

Figure 3-3 Calcul exact du modèle et approximation (rendement attendu de 2% par an)

On peut déjà observer des décalages notables pour l'écart-type au-delà de 5 ans.

Enfin, l'approximation est encore moins satisfaisante si l'on utilise un objectif de 7%, ce qui est un objectif raisonnable de performance pour un portefeuille d'actions à long terme (figure 3-4).

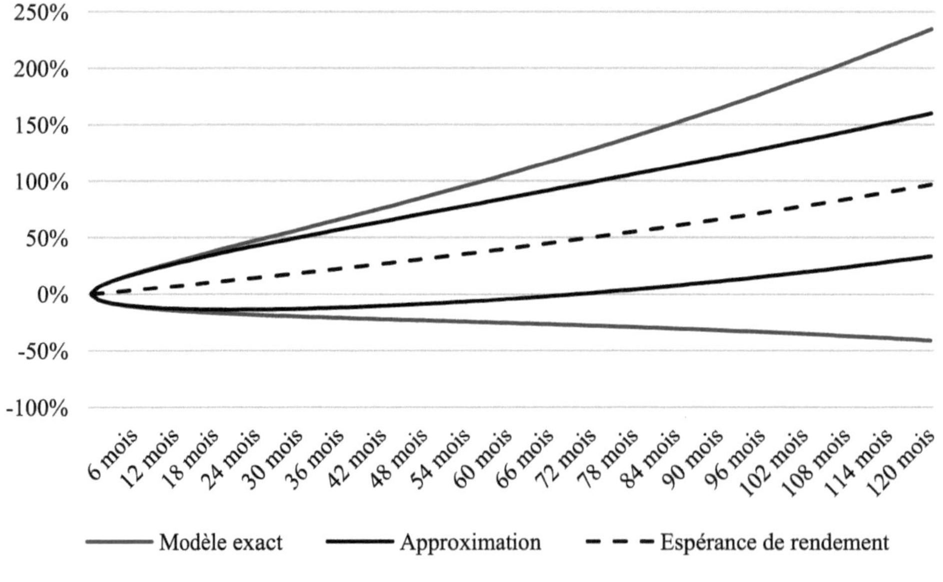

Figure 3-4 Calcul exact du modèle et approximation (rendement attendu de 7 % par an)

L'approximation a donc des usages limités selon l'horizon et l'hypothèse de rendement attendu. S'il faut déjà être prudent dans ce cadre théorique, il faudra donc l'être encore plus dans le monde réel. Ces calculs, en particulier, permettent de modéliser les pertes potentielles et l'approximation les minimisent.

Les courbes représentant l'écart-type sont appelées enveloppes de potentiel : en utilisant la loi normale, elles désignent une zone d'évolution du sous-jacent de probabilité 68% environ. La probabilité de dépasser l'enveloppe supérieure par le haut ou bien l'enveloppe inférieure par le bas est de 17%. D'autres enveloppes peuvent être utilisée. L'enveloppe tracée à l'aide de 2 écart-types désigne une zone d'évolution de probabilité de 96% (toujours avec la loi normale), dépassé par le haut ou par le bas avec une probabilité de 2% seulement. Nous y reviendrons dans le chapitre 13.

3. Volatilité réalisée

La volatilité réalisée est une mesure des variations de marché captées par un opérateur (réel ou théorique). Chaque intervenant peut en effet, selon ses anticipations et ses interventions, capter une variation d'un sous-jacent, autrement dit un profit algébrique (noté P&L, pour l'anglais *profit and loss*).

Plus précisément, supposons qu'un actif prenne successivement les valeurs S_0, S_1, S_2, avec $S_1 > S_0 = S_2$. Plusieurs opérations sont possibles.

Premièrement, l'achat de S en t_0 et puis sa vente en t_1. La variation réalisée en pourcentage de S_0 s'écrit sur l'unité de temps $\frac{1}{t_1 - t_0}$:

$$\frac{S_1 - S_0}{S_0} > 0$$

Il est également possible de procéder à l'achat de S en t_0 et à sa vente en t_2. Cette fois la variation réalisée est nulle.

À ce stade, c'est évident : la variation réalisée est dépendante des instants choisis pour les opérations d'achat et de vente. De plus, la notion de variance est symétrique. On peut donc mesurer par exemple, et dans un souci d'homogénéité avec les notions précédentes (ceci prendra également son sens plus loin), ces variations avec la fonction carré. Cette mesure s'annualise de manière analogue à la volatilité historique :

$$\frac{1}{(t_1 - t_0)} \left(\frac{S_1 - S_0}{S_0} \right)^2$$

Plus généralement, si l'on additionne successivement les mesures de k opérations réalisées et que l'on en fait la moyenne on obtient :

$$\frac{1}{k} \sum_{i=1}^{k} \frac{1}{(t_i - t_{i-1})} \left(\frac{S_i - S_{i-1}}{S_{i-1}} \right)^2$$

Ceci est très proche de la variance usuelle (avec une moyenne nulle). Le pas de temps n'est pas constant et le nombre de points utilisés k n'est pas égal à N le nombre de points disponibles. Ainsi, la volatilité réalisée (elle est toujours estimée à partir des données) peut se définir par l'expression de la forme :

$$\sqrt{\frac{1}{k}\sum_{i=1}^{k}\frac{1}{(t_i - t_{i-1})}\left(\frac{S_i - S_{i-1}}{S_{i-1}}\right)^2} \tag{3.2}$$

On pourra utiliser le terme de volatilité réalisable lorsque l'on souhaite évoquer la volatilité réalisée à venir, portant sur des variations du prix d'un instrument financier qui ne sont pas encore connues. Ces notions seront utilisées au chapitre 9 portant sur la négociation des options.

4. Mesures implicites

a. Volatilité implicite

La volatilité implicite évalue les variations anticipées de prix du sous-jacent S pour lequel un contrat optionnel a été émis. Cette notion est indissociable du modèle et de la formule de Black-Scholes pour cette option. Elle dépend donc en particulier du prix d'exercice (ou strike) et de la maturité de l'option, paramètres essentiels du contrat.

Plus précisément, à l'aide du modèle de Black-Scholes, une formule explicite existe, déjà rapidement présentée au début de ce chapitre, qui donne le prix d'une option européenne en fonction de sa maturité, de son prix d'exercice (ou strike) et de sa volatilité (et d'autres paramètres, comme les taux d'intérêt à maturité). Cette fonction est bijective en la variable volatilité et la fonction inverse définie la volatilité implicite comme fonction du prix de l'option, de la maturité et du prix d'exercice.

La volatilité implicite σ_{impl} est obtenue en inversant la formule de Black-Scholes qui donne le prix d'un call lorsque ce prix C_{obs} est observé sur le marché :

$$C_{obs} = C_{BS}(t, S, T, K, \sigma_{impl})$$

La volatilité implicite pourra également être calculée à partir d'un prix de put.

Dans les formules de calcul de prix d'option, l'inconnue c'est la loi de probabilité du processus de prix du sous-jacent au contrat. En particulier dans la formule de Black-Scholes, cette inconnue se résume en la volatilité du sous-jacent, qui aussi est l'écart-type à horizon 1 an de la loi normale. D'après ce qui précède, fixer un prix d'option ou fixer la volatilité implicite pour ce contrat est exactement la même chose (par bijectivité). Évaluer la valeur d'une option, sa prime, est donc équivalent à déterminer sa volatilité implicite.

Vue depuis le modèle de diffusion de Black-Scholes, la volatilité implicite va représenter les anticipations d'amplitude future des variations du prix du sous-jacent. Un élément essentiel, pour la valeur de l'option, est la capacité du prix du sous-jacent à varier pendant la période qui reste jusqu'à la maturité du contrat. Plus la volatilité implicite est importante, plus le marché pense que la probabilité d'atteindre un seuil (en particulier un prix d'exercice) donné est élevée : les primes d'options sont des fonctions croissantes de la volatilité implicite. Ces points seront détaillés dans le chapitre 8. Autrement dit, la prime est la monétisation d'une probabilité de réalisation d'un scénario dont le résultat est indiscutable.

b. Smile (ou skew) de volatilité

Les spécialistes parlent du « sourire » de la volatilité pour illustrer la forme d'une courbe exprimant la volatilité implicite en fonction des prix d'exercice des options portant sur un sous-jacent donné. En pratique, pour les sous-jacents actions c'est plus souvent un sourire de côté, ou un froncement (skew en anglais), une forme qui n'a pas la symétrie du sourire.

La volatilité implicite étant fondée sur le prix de marché d'une option, chaque prix d'un contrat optionnel disponible sur un sous-jacent particulier (actions, indices, mais aussi devise, taux, ou tout autre instrument sur lequel on peut écrire un contrat optionnel) génère une volatilité implicite. Elles varient en fonction des caractéristiques du contrat, son expiration et son prix d'exercice. Pour une échéance donnée, c'est d'abord l'option à la monnaie (le contrat dont le strike est le plus proche du prix du sous-jacent à l'instant considéré) qui fait référence car elle a une forte sensibilité à la variation de volatilité implicite (le chapitre 8 précisera cela). En fixant une échéance particulière, cette courbe aura l'allure représentée sur la figure 3-5[1].

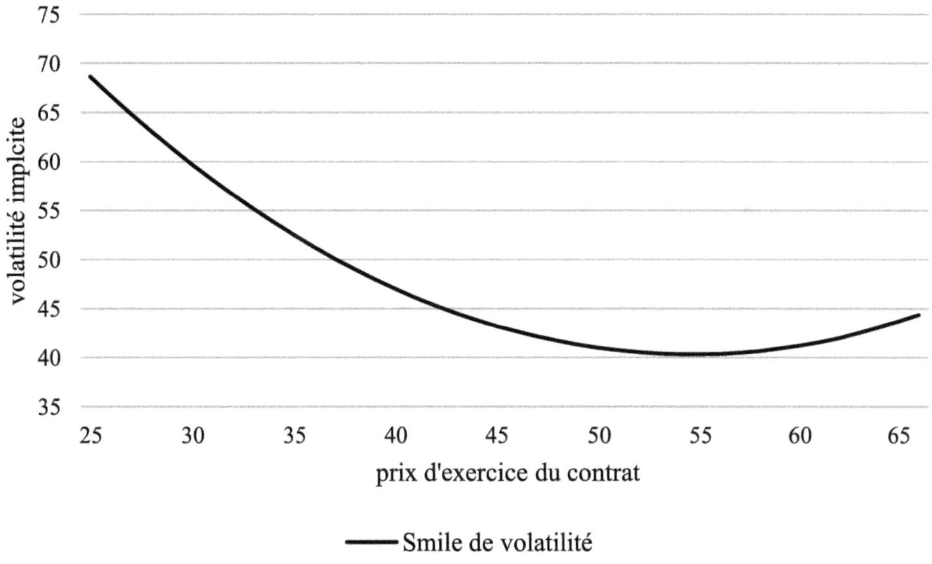

Figure 3-5 Smile de volatilité typique pour un sous-jacent « actions »

En ordonnées, la volatilité implicite est en pourcentage. Ce symbole est souvent omis à l'affichage mais la valeur est bien divisée par 100 dans les calculs. Cette courbe est valable à un instant t, à un prix de sous-jacent donné. Dès que les conditions de marché évoluent, dès que le prix de sous-jacent varie, cette courbe va varier : toutes les

[1] Depuis le krach de 1987, la volatilité implicite des marches actions ressemble à un « skew », c'était une ligne droite auparavant. Depuis ce jeudi noir, la préférence de couverture de risque extrême de la part d'investisseurs institutionnels entraîne une hausse de prix des puts en dehors de la monnaie et donc des volatilités implicites sur la partie gauche de la courbe.

volatilités implicites de tous les contrats sont réévaluées de manière dynamique. C'est pourquoi certains opérateurs, les market-makers ou teneurs de marché, développent des modèles dynamiques de smile de volatilité qui réagissent en fonction de paramètres caractérisant l'environnement de marché. Nous reviendrons sur ceci dans la partie II.

En pratique, pour un même type de sous-jacent, il existe plusieurs définitions du smile de volatilité implicite, en fonction de la variable utilisée en abscisse : prix d'exercice fixe, prix d'exercice en pourcentage de la monnaie (moneyness en anglais) ou de la monnaie « forward » (on prend en compte les taux d'intérêts et les dividendes distribués jusqu'à l'échéance), à delta fixe, et ainsi de suite. Dans tous les cas, le choix de l'abscisse exprime une distance entre le prix d'exercice du contrat et le prix du sous-jacent à l'instant d'observation (« la monnaie »). Nous en donnons quelques illustrations ci-dessous.

Les données utilisées portent sur des contrats de maturité trois mois pour un indice d'actions européennes évalués aujourd'hui et un an plus tôt. La figure 3-6 donne la présentation la plus courante du smile de volatilité (cf. figure 3-5 précédente).

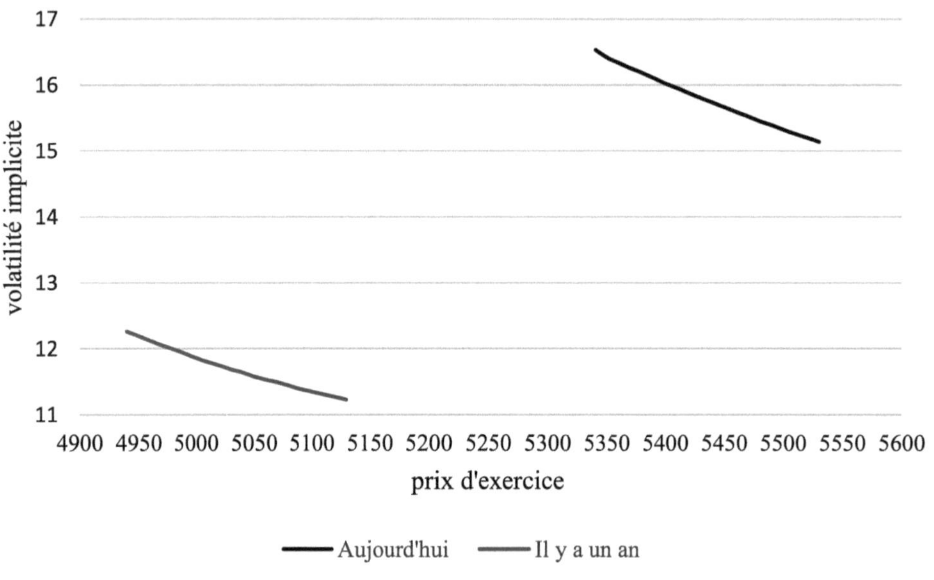

Figure 3-6 Smile de volatilité en fonction du prix d'exercice

Les niveaux de volatilité implicite dépendent des conditions de marché qui sont très différentes d'un moment à l'autre : ici plus 4 points d'écart de volatilité implicite. Comparer une courbe de volatilité dans le temps n'est pas commode de cette manière.

La figure 3-7 prend comme variable en abscisse le ratio du prix d'exercice ramené au prix du sous-jacent, exprimé en pourcentage du prix, appelé moneyness, de celui-ci. 100% est donc le niveau du sous-jacent à l'instant d'observation (on parle de prix spot), ce niveau est nommé « la monnaie », déjà mentionnée.

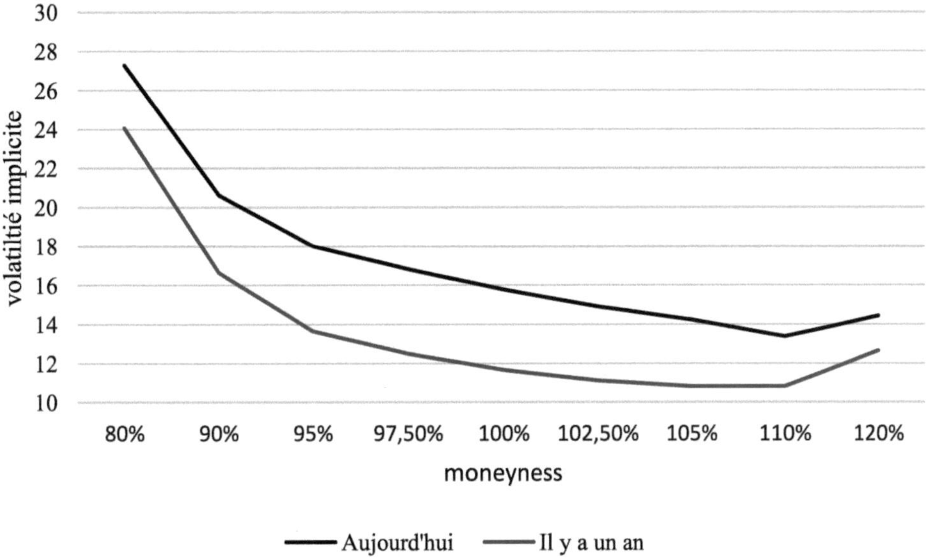

Figure 3-7 Smile de volatilité en fonction du moneyness

La courbe ci-dessous utilise le delta comme abscisse, la monnaie est exprimée par un delta à 50% puis pour les strike au-dessus, on utilise les deltas des calls, noté « DC », alors que pour les strikes inférieurs les deltas des put (« DP ») sont utilisés.

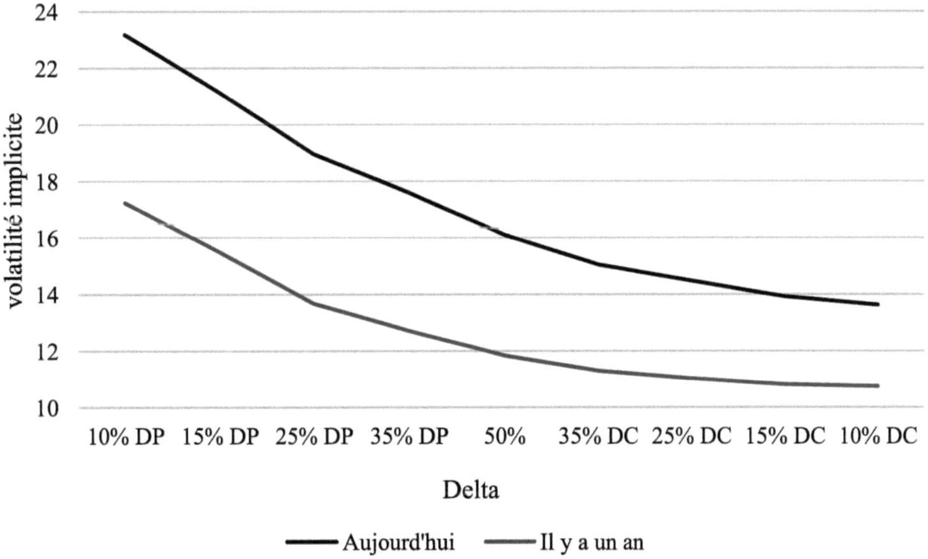

Figure 3-8 Smile de volatilité en fonction du delta

Il n'aura pas échappé au lecteur que le delta d'un put dont on est acheteur est négatif, compris entre 0 et -1. L'abscisse utilise donc le delta en valeur absolue pour exprimer la distance au strike. D'autre part, si on utilise les puts « à gauche » de la monnaie (pour les contrats de prix d'exercice inférieurs au prix du sous-jacent à l'instant considéré) c'est qu'ils représentent de manière plus pertinente les anticipations de baisse du sous-jacent. À l'opposé, les calls seront utilisés « à droite » de la monnaie car ils sont supposés mieux représenter les anticipations de hausse du prix du sous-jacent. La comparaison dans le temps de ces courbes est facilitée par l'utilisation d'une abscisse bien choisie. Ceci peut également influencer le choix d'un modèle dynamique de smile de volatilité : l'opérateur aura en effet intérêt à utiliser un modèle qui correspond le mieux à sa lecture du marché et qui, en particulier, est une fonction suffisamment régulière pour lui appliquer des déformations standards (notamment pour le calcul des (lettres) grecques évoqué dans la partie II).

c. Structure à terme de la volatilité implicite

La structure à terme de la volatilité (implicite) consiste à examiner l'évolution de celle-ci en fonction de l'expiration des contrats, tous les autres paramètres étant fixés, en particulier le prix d'exercice du contrat.

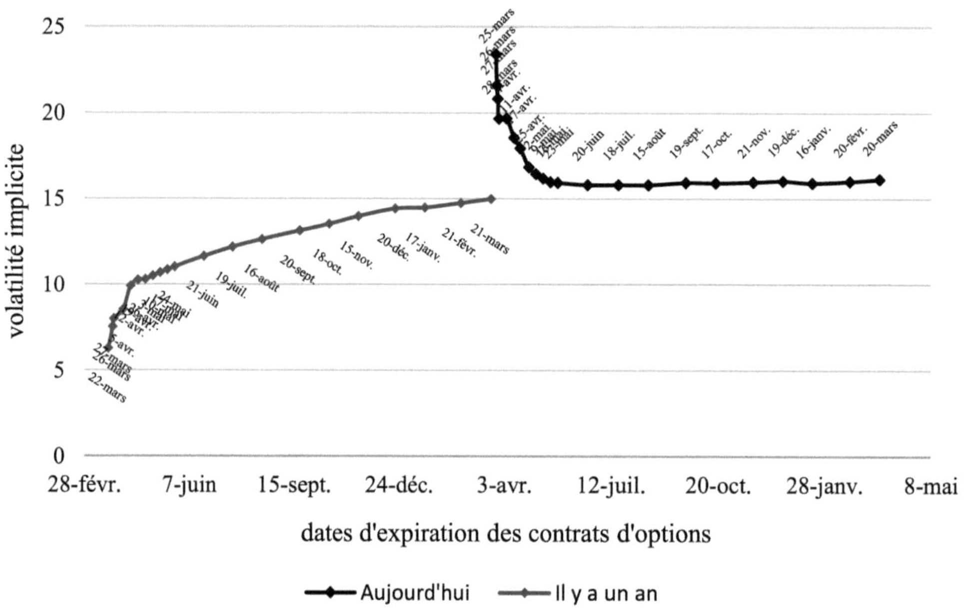

Figure 3-9 Deux régimes de structure à terme de la volatilité implicite

Comme souvent pour les marchés optionnels, la situation des books[1] des principaux opérateurs peut influencer de manière très technique les échéances courtes. Au-delà de 1 mois avant expiration, la courbe a une forme assez classique qui dépend du contexte de marché. On distingue grossièrement 2 régimes. Lorsqu'il y a un stress à court-terme sur le sous-jacent, les volatilités implicites des courtes échéances sont élevées et la courbe est décroissante, convexe. Les échéances lointaines ont une volatilité plus faible traduisant un retour au calme anticipé plus ou moins rapidement. Lorsque le stress est dissipé à court-terme, c'est le cas général, la courbe est croissante et concave : l'incertitude est reportée sur les échéances les plus éloignées. La structure à terme peut également être représentée en utilisant des échéances de durée fixée : 1 mois, 3 mois… qui nécessite alors le choix d'une technique d'interpolation entre les volatilités qui encadrent chaque maturité normalisée.

d. Surface de volatilité

La surface de volatilité réunie les deux vues précédentes en un unique graphique en trois dimensions. C'est essentiellement un outil visuel qui permet de saisir rapidement la situation de volatilité pour un sous-jacent donné.

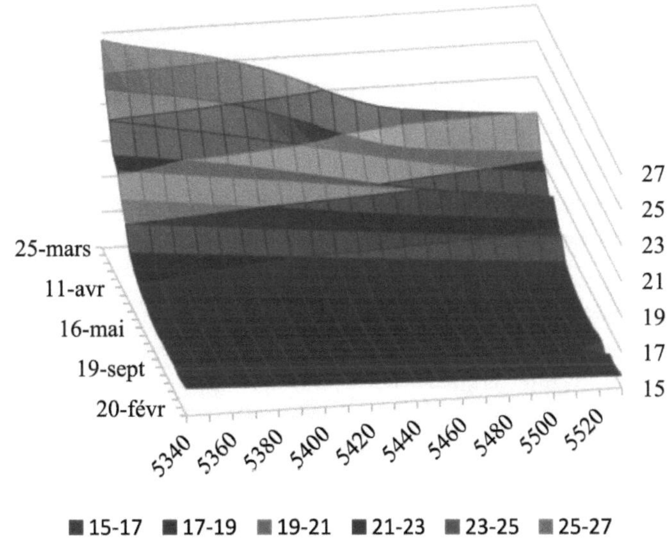

Figure 3-10 Surface de volatilité, fonction du prix d'exercice et de la date d'expiration

Cette surface de volatilité, vue comme une fonction $\sigma(K,T)$ des prix d'exercice K et d'expiation T, synthétise l'ensemble des informations des prix des options listées pour un sous-jacent donné. Sous cette forme, elle peut être utilisée pour évaluer le prix

[1] Le book est l'ensemble des contrats ouverts détenus à l'achat et la vente par un market-maker.

d'options plus complexes échangées de gré à gré (c'est-à-dire en dehors d'un marché organisé) qui s'évaluent ainsi en cohérence avec l'information des contrats les plus liquides.

Remarque

Si les volatilités implicites pour des strikes différents étaient égales pour chaque maturité (mais différentes selon les maturités), une simple extension du modèle de Black-Scholes reproduirait les prix du marché : on introduit une volatilité déterministe $\sigma(t)$ dépendant du temps dans la dynamique Black-Scholes, étant données les N maturités (croissantes) $T_1, \ldots, T_N$, pour résoudre récursivement :

$$\int_0^{T_i} \sigma^2(t)dt = v_i^2 T_i$$

où v_i est la volatilité implicite pour la maturité T_i. Malheureusement, ceci ne permet de décrire les prix de marché de façon satisfaisante.

5. Volatilité et Dividendes

On suppose que le sous-jacent S distribue N dividendes discrets aux dates connues $s_1, \ldots, s_N$ de montants $D_1, \ldots, D_N$. On considère que le prix de l'actif sous-jacent est constitué de deux composantes : une composante sans risque qui sera utilisée pour payer les dividendes connus durant la vie de l'option (jusqu'en T) et une composante risquée qui suit un processus log-normal (dans le cadre du modèle Black-Scholes).

La composante non risquée, à un instant donné, est la valeur présente de tous les dividendes futurs actualisés depuis les dates de distributions avec le taux d'intérêt sans risque, c'est analogue à l'évaluation d'une obligation avec une courbe de taux constante[1]. La formule de Black-Scholes (ou de tout autre modèle) peut s'appliquer en prenant le prix de l'actif égal à la composante risquée et pour volatilité, la volatilité suivie par cette composante risquée (qui n'est pas identique à celle suivie par l'actif tout entier).

La valeur de la composante risquée s'écrit pour $s_j < t < s_{j+1}$ $(s_0 = 0)$:

$$S'_t = S_t - \sum_{i=j+1}^{N} D_i e^{-r(s_{j+1}-t)}$$

et pour $t > s_N$, $S'_t = S_t$.

Quant à la valeur de la volatilité, il est coutumier, dans le modèle Black-Scholes, de prendre la volatilité de tout l'actif multipliée par le facteur $\frac{S_0}{S_0 - D_0} > 1$ où D_0 est la valeur présente des dividendes en $t = 0$, l'instant d'évaluation.

En effet, si en $t \in]s_j, s_{j+1}[$, $D_t = \sum_{i=j+1}^{N} D_i e^{-r(s_{j+1}-t)}$ et

[1] Cette hypothèse peut être relâchée facilement tant que le taux n'est pas aléatoire.

$$dS_t = rS_t dt + \sigma S_t dW$$

on a

$$dS'_t = dS_t - r\left(\sum_{i=j+1}^{N} D_i e^{-r(s_{j+1}-t)}\right)dt$$
$$= r(S_t - D_t)dt + \sigma S_t dW_t$$
$$= rS'_t dt + \sigma' S'_t dW_t$$

avec σ' telle que $\sigma' S'_t = \sigma S_t$ soit $\sigma' = \frac{\sigma S_t}{S'_t} = \sigma \frac{S_t}{S_t - D_t} > \sigma$. Comme cette volatilité n'est pas constante, afin d'utiliser le modèle d'évaluation (de Black-Scholes ou autre), on suppose que le rapport $\frac{S_t}{S_t - D_t}$ est égal à $\frac{S_0}{S_0 - D_0}$.

Remarque

Si D << S *(*D *très petit par rapport à* S*) le rapport* $\frac{S_t}{S_t - D_t}$ *est proche de 1 et l'usage vaut que l'on confonde* σ *et* σ'*. Ceci a pour effet de minorer la volatilité d'évaluation ce qui peut être inconfortable.*

Voici un exemple (figure 3-11) avec un dividende discret (fictif) dont la valeur actualisée représente 3% du prix du sous-jacent (lorsqu'il vaut 40,49). On constate qu'à ces niveaux, les différences sont loin d'être négligeables : entre 2,3 et 1,3 points de volatilité implicite sur cet exemple.

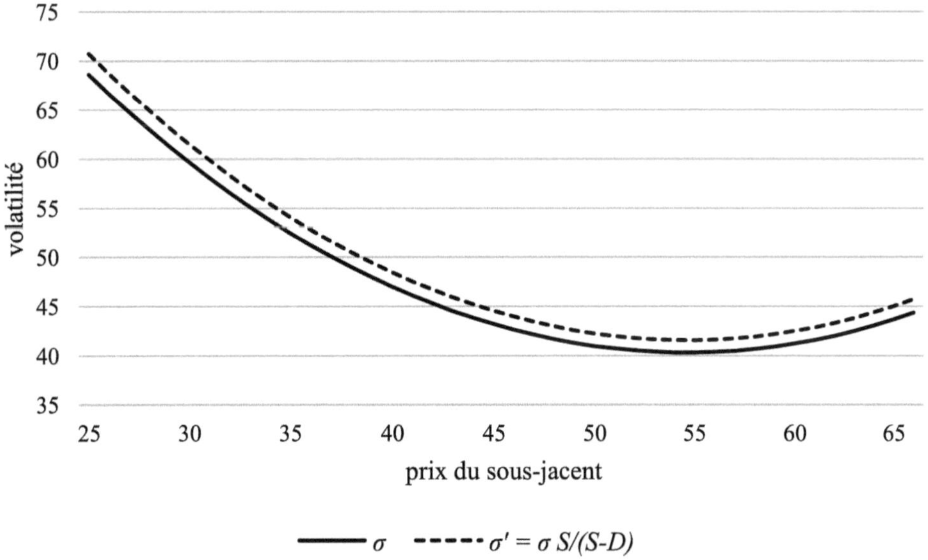

Figure 3-11 Impact du dividende sur la volatilité implicite

L'approximation peut ainsi donner lieu à des écarts de prix significatifs.

2. Extensions du modèle de Black-Scholes

La volatilité instantanée est le paramètre qui mesure l'amplitude associée à la variation instantanée du sous-jacent. Elle peut être déterministe ou aléatoire (on parle dans ce cas de modèle à volatilité stochastique). Mathématiquement, dans un cadre analogue au modèle de Black-Scholes, la volatilité instantanée d'un actif de prix S_t est le paramètre éventuellement aléatoire σ_t défini par (dans un espace de probabilité bien défini) :

$$\frac{dS_t}{S_t} = r_t dt + \sigma_t dW_t$$

Souvent on prendra $\sigma_t = \sigma(t, S_t)$ fonction déterministe du temps t instant de calcul et du prix sous-jacent en t, variable aléatoire. On l'appelle alors volatilité locale.

Le modèle à volatilité locale a été développé pour évaluer les primes (et les grecques) des options non standards. Il peut permettre en effet, de réintégrer les prix (donc les volatilités) des options listées de manière cohérente en lien avec la surface de volatilité $\sigma(K, T)$. Les options non standardisées ne sont pas abordées dans cet ouvrage.

Il ne faut pas confondre la surface de volatilité implicite et la volatilité locale. Les variables de ces deux fonctions de volatilité ne sont pas les mêmes : le prix d'exercice et la maturité pour la surface qui est déterministe, le temps et le prix (aléatoire) du sous-jacent pour la volatilité locale qui est stochastique.

3. Modèles à facteurs

Les modèles à facteurs développés depuis les années 1960 permettent d'affiner la compréhension de la provenance de la volatilité d'un actif financier. Le modèle de base proposé par William Sharpe (1964) n'utilisait qu'un unique facteur, le marché dans son ensemble. Depuis, théorisée par Stephen Ross et ses travaux sur l'évaluation par arbitrage (l'APT pour Arbitrage Pricing Theory) dès 1976, cette modélisation s'est répandue, popularisée notamment par Fama et French à partir des années 1990. Dans sa forme générale, le modèle décrit la performance d'un instrument financier comme :

$$R_t^i = \alpha_t^i + \sum_{k=1}^{K} \beta_t^{ik} f_t^k + \varepsilon_t^i$$

avec les notations suivantes.

R_t^i est le rendement de l'actif i sur la période t. Sous cette forme, il est aléatoire.

K est le nombre de facteurs utilisés (nécessaires) dans la modélisation et f_t^k est appelé innovation du facteur k en t, où $k = 1, \dots, K$. Cela peut-être un rendement, pas mais toujours, cela dépend du type de facteur utilisé. Les innovations sont aléatoires.

Les β_t^{ik} sont les sensibilités (ou coefficient de chargement) de l'actif i au facteur k pour la période t. Ce sont des nombres réels, non aléatoires.

$\alpha_t^i + \varepsilon_t^i$ est le rendement spécifique du titre i, décomposé en son espérance α_t^i sur la période et une variable aléatoire centrée ε_t^i.

Pour bien spécifier ce modèle, plusieurs hypothèses sont nécessaires. Tout d'abord, les covariances entre les (innovations de) facteurs sont nulles. L'objectif est en effet que chaque facteur embarque une information unique non redondante avec les autres. De plus les covariances entre les ε_t^i et les facteurs sont nulles (sur toutes les périodes t) puisque les éléments propres au titre i sont, par construction, ceux qui ne sont pas expliqués par les facteurs. Enfin, dans la même logique, les covariances $cov(\varepsilon_t^i, \varepsilon_t^j)$ pour deux titres distincts i et j sont nulles puisqu'on modélise ainsi les caractéristiques propres à chaque titre et qu'un élément commun entre titres doit être capturé par les facteurs. Si nécessaire, l'indépendance pourra être supposée entre toutes ces variables aléatoires.

La somme $\sum_{k=1}^{K} \beta_t^{ik} f_t^k$ est appelée rendement systématique de l'actif i, c'est la part de rendement provenant des facteurs communs à l'ensemble des titres du marché.

Le passage à la variance, à l'aide des hypothèses ci-dessus, donne

$$Var(R_t^i) = \sum_{k=1}^{K} \left(\beta_t^{ik}\right)^2 Var(f_t^k) + Var(\varepsilon_t^i)$$

La somme $\sum_{k=1}^{K} \left(\beta_t^{ik}\right)^2 Var(f_t^k)$ s'appelle la variance systématique du titre i. C'est la part de variance du titre des seuls facteurs de marché. $Var(\varepsilon_t^i)$ est la part de variance non expliquée par ces mêmes facteurs de marché, dénommée variance résiduelle, spécifique, ou idiosyncratique du titre i.

Ces modèles sont utilisés pour estimer des matrices de variances covariances des performances de titres (comme pour le modèle de Sharpe), pour analyser le risque en identifiant les différentes sources et leurs importances, ou encore pour simuler cette performance en simulant les facteurs et en choisissant les sensibilités (ce qui revient à changer sa composition) pour trouver un portefeuille en adéquation avec ses anticipations sur les facteurs. Ces modèles nécessitent des mises en œuvre statistiques relativement lourdes et font l'objet de solutions logiciels proposées par différentes entreprises. Celles-ci présentent des solutions variées. Certaines postulent des facteurs interprétables (avec un sens financier), puis utilisent leurs performances pour déterminer les sensibilités aux facteurs. D'autres extraient les facteurs de manière statistique (proche d'une analyse en composantes principales), ceux-ci sont plus difficilement interprétables mais la qualité du modèle est respectée par construction, comme l'indispensable orthogonalité des facteurs. D'autres enfin postulent les sensibilités (à travers d'autres calculs intermédiaires) pour en déduire les performances des facteurs. Quel que soit le modèle, les définitions des variances systématique et spécifique sont identiques, seule leurs méthodes d'estimation varient. Celles-ci, en général, utilisent largement les systèmes de filtrage de type EWMA évoquées au chapitre 2.

On appelle alors volatilité systématique et volatilité spécifique (ou résiduelle ou idiosyncratique) du titre i, la racine carrée des variances systématique et spécifique.

4. Annexes

1. Les hypothèses de l'annualisation

Ici nous cherchons à explorer le lien entre des performances et des volatilités de périodicités différentes. La première période sera l'année, noté a, et la seconde le mois, noté m. Ces choix sont fixés arbitrairement et pourront être adaptées en fonction des périodicités en jeu.

Les performances annuelles de l'actif i et mensuelle de l'actif i et du n[ième] mois sont alors notées respectivement R_i^a et $R_{i,n}^m$ avec n allant de 1 à 12 pour les 12 mois de l'actif i pour l'année a. Ce sont des variables aléatoires.

Nous supposons, comme dans le modèle Black-Scholes, que les performances (ou les rendements) se composent de manière continue.

La composition continue permet d'utiliser une simple somme pour passer des rendements mensuels au rendement annuel.

$$R_i^a = \sum_{n=1}^{12} R_{i,n}^m$$

Considérant deux actifs i et j, leur covariance annuelle s'écrit en fonction des covariances mensuelles :

$$cov(R_i^a, R_j^a) = cov\left(\sum_{n=1}^{12} R_{i,n}^m, \sum_{p=1}^{12} R_{j,p}^m\right) = \sum_{n=1}^{12}\sum_{p=1}^{12} cov(R_{i,n}^m, R_{j,p}^m)$$

En développant cette relation pour regrouper les 12 covariances calculées avec les rendements d'un même mois, on obtient :

$$\begin{aligned} cov(R_i^a, R_j^a) = {} & cov(R_{i,1}^m, R_{j,1}^m) + cov(R_{i,2}^m, R_{j,2}^m) + \cdots + cov(R_{i,12}^m, R_{j,12}^m) \\ & + cov(R_{i,2}^m, R_{j,1}^m) + cov(R_{i,2}^m, R_{j,2}^m) + \cdots + cov(R_{i,2}^m, R_{j,12}^m) \\ & + \cdots \\ & + cov(R_{i,12}^m, R_{j,1}^m) + cov(R_{i,12}^m, R_{j,2}^m) + \cdots + cov(R_{i,12}^m, R_{j,12}^m) \end{aligned}$$

En observant les diagonales de ces sommes successives, on peut réécrire, en commençant par la plus grande diagonale (12 termes), puis successivement en s'en éloignant avec la diagonale supérieure (11 termes) et la diagonale inférieure symétrique (11 termes également) et ainsi de suite :

$$\begin{aligned} cov(R_i^a, R_j^a) = {} & cov(R_{i,1}^m, R_{j,1}^m) + cov(R_{i,1}^m, R_{j,2}^m) + \cdots + cov(R_{i,1}^m, R_{j,12}^m) \\ & + \begin{bmatrix} cov(R_{i,1}^m, R_{j,2}^m) + cov(R_{i,2}^m, R_{j,3}^m) + \cdots + cov(R_{i,11}^m, R_{j,12}^m) \\ + cov(R_{i,2}^m, R_{j,1}^m) + cov(R_{i,3}^m, R_{j,2}^m) + \cdots + cov(R_{i,12}^m, R_{j,11}^m) \end{bmatrix} \\ & + \cdots \\ & + [cov(R_{i,1}^m, R_{j,12}^m) + cov(R_{i,12}^m, R_{j,1}^m)] \end{aligned}$$

En supposant que les covariances de la forme $cov(R_{i,n}^m, R_{j,n+e}^m)$ sont identiques ainsi que celle de la forme $cov(R_{i,n+e}^m, R_{j,n}^m)$ où e matérialise l'écart de mois, e allant de 0 à 11 mois, on peut simplifier l'écriture :

$$\begin{aligned} cov(R_i^a, R_j^a) = 12\, cov(R_{i,n}^m, R_{j,n}^m) \\ +11\left[cov(R_{i,n}^m, R_{j,n+1}^m) + cov(R_{i,n+1}^m, R_{j,n}^m)\right] \\ + \cdots \\ +\left[cov(R_{i,n}^m, R_{j,n+11}^m) + cov(R_{i,n+11}^m, R_{j,n}^m)\right] \end{aligned}$$

Ainsi, les covariances qui se réalisent le même mois ont un coefficient multiplicateur plus important que celles qui sont décalées dans le temps. Intuitivement, cela nous dit que le temps décalé « affaiblit » la dépendance linéaire mesurée par la covariance. Ceci provient de l'utilisation de la covariance et ne résulte pas d'une observation sur les séries financières qui resterait à effectuer.

Le cas particulier évoqué en section 1.1 porte sur la volatilité et son carré la variance. Pour s'y ramener, supposons que $j = i$ ci-dessus, c'est-à-dire on ne considère qu'un seul actif i. On obtient pour sa variance annuelle :

$$Var(R_i^a) = 12 * Var(R_{i,n}^m) + termes$$

où $termes$ est constitué d'éléments de covariances mensuelles. Pour retrouver le résultat standard de l'annualisation une hypothèse suffisante est que les rendements mensuels en jeu soient tous identiques et indépendamment distribués. Ceci a pour implication d'annuler les covariances avec un décalage temporel non nul. L'annualisation n'est donc correcte qu'à ce prix, sans oublier la composition continue des rendements (autrement dit, ils sont logarithmiques).

Si tel n'est pas le cas, il faut déterminer quel décalage temporel est nécessaire en pratique avec des données mensuelles, hebdomadaire ou quotidienne. En effet, avec un grand échantillon de données l'estimation pourraient se pratiquer en calculant chaque terme de covariance. Si pour un décalage au-delà de 1 ou 2 mois (jours ou semaines), les vraies covariances sont nulles, cela se retrouvera dans les estimations. Cependant, si l'échantillon de données n'est pas assez grand, les résultats seront trop bruités pour mesurer la dépendance.

2. Rendement et écart-type cumulés

Nous détaillons les calculs donnant le rendement cumulé attendu et l'écart-type du rendement cumulé dans le cadre du modèle de Black-Scholes.

$$\begin{aligned} E(R_{0,T}) &= E\left(\frac{S_T}{S_0}\right) - 1 \\ &= E\left(exp\left[\left(r - \frac{\sigma^2}{2}\right)T + \sigma(W_T - W_0)\right]\right) - 1 \\ &= exp\left[\left(r - \frac{\sigma^2}{2}\right)T + \frac{\sigma^2 T}{2}\right] - 1 \\ &= exp(rT) - 1 \end{aligned}$$

$$\begin{aligned}
\sigma(R_{0,T}) &= [Var(S_T/S_0 - 1)]^{1/2} \\
&= \left(Var\left(exp\left[\left(r - \frac{\sigma^2}{2}\right)T + \sigma(W_T - W_0)\right]\right)\right)^{1/2} \\
&= \left(exp\left[2\left(r - \frac{\sigma^2}{2}\right)T\right] Var(exp(\sigma(W_T - W_0))\right)^{1/2} \\
&= \left(exp\left[2\left(r - \frac{\sigma^2}{2}\right)T\right] (exp(2\sigma^2 T) - exp(\sigma^2 T))\right)^{1/2} \\
&= exp(rT)\,[exp(\sigma^2 T) - 1]^{1/2}
\end{aligned}$$

Ces formules permettent d'établir les enveloppes de potentiel décrite dans ce chapitre.

Chapitre 4 – Volatilité de portefeuille

Les calculs que nous avons présentés portaient sur les rendements d'un instrument financier. Ces mêmes outils peuvent s'appliquer à un portefeuille d'instruments financiers et aux rendements de celui-ci. Un point important est de comprendre les liens qui existent entre le risque du portefeuille mesuré par sa volatilité et celui des actifs qui le composent.

1. Algèbre du portefeuille

Un portefeuille d'actifs est l'agrégation de positions sur des titres ou instruments financiers. Ces positions peuvent éventuellement être vendeuses. La valeur d'un portefeuille P à l'instant t s'écrit donc comme

$$P_t = \sum_{i=1}^{N} n_t^i \, S_t^i$$

N est le nombre d'actifs dans le portefeuille, les (prix des) sous-jacents composants le portefeuille à un instant $t \geq 0$, pour $i = 1, \dots, N$ sont notés S_t^i.

n_t^i est le nombre de titres de l'actif i détenus à l'instant t. Ce nombre est négatif en cas de positions vendeuses. Dans ce cas, on pourra introduire un actif pour l'indice $i = 0$ représentant l'emprunt réalisé pour ces prises de positions vendeuses.

Les poids des sous-jacents w_t^i à l'instant t est par définition le rapport :

$$w_t^i = \frac{n_t^i {S_t}^i}{P_t}$$

Si l'actif i est un actif à effet de levier comme un future ou une option, on remplace souvent le nombre d'instruments financiers par son équivalent en nombre de titres (à l'aide du delta par exemple pour une option). On parle alors d'exposition plutôt que de poids. La somme des expositions n'est alors pas nécessairement égale à 100%.

Le rendement (arithmétique) de l'actif sur la période $[s, t[$:

$$R_{s,t}^i = \frac{S_t^i - S_s^i}{S_s^i}$$

Il inclut les éventuels dividendes distribués entre les instants s et t.

1. Rendement du portefeuille

Dans ce cadre, le rendement du portefeuille P sur la période $[s, t[$ est :

$$R_{s,t}^P = \sum_{i=1}^{N} w_s^i \, R_{s,t}^i \tag{4.1}$$

Ceci sans intervention entre s et t sur le portefeuille autre que l'évolution des prix de marché[1]. En particulier, les quantités détenues n_s^i ne sont pas modifiées sur l'intervalle $[s, t[$. Cette relation n'est pas vraie avec les rendements logarithmiques.

2. Espérance et variance

Conditionnellement à l'information disponible à la date s, ces prix ou rendements, dont la valeur est en t, seront considérés comme des variables aléatoires.

L'espérance du portefeuille, si elle existe, est donnée par :

$$E(R_{s,t}^P) = \sum_{i=1}^{N} w_s^i \, E(R_{s,t}^i)$$

Si les rendements sont des variables aléatoires de variance finie, la variance du portefeuille s'écrit :

$$Var(R_{s,t}^P) = \sum_{i=1}^{N} \sum_{j=1}^{N} w_s^i \, w_s^j \, cov(R_{s,t}^i, R_{s,t}^j)$$

On utilise également la corrélation entre les titres :

$$corr(R_{s,t}^i, R_{s,t}^j) = \frac{cov(R_{s,t}^i, R_{s,t}^j)}{Var(R_{s,t}^i) Var(R_{s,t}^i)}$$

L'écriture matricielle permet souvent de simplifier les expressions. Si Ω est la matrice de variance covariance des composants du portefeuilles :

$$\Omega = [cov(R_{s,t}^i, R_{s,t}^j)]_{i,j}$$

et en notant w_s le vecteur des poids à l'instant s (ici transposé en vecteur ligne) :

$$w_s' = (w_s^1, \ldots, w_s^N)$$

la variance s'écrit également

$$Var(R_{s,t}^P) = w_s{}' \Omega w_s \tag{4.2}$$

L'hypothèse de normalité du vecteur des rendements des composants est nécessaire si l'on souhaite supposer que ce modèle dit moyenne (ou espérance) variance modélise parfaitement le comportement des actifs et du portefeuille. Ceci car la dépendance entre les rendements est alors parfaitement décrite par la matrice de variance covariance (et dans ce cas uniquement). Cette hypothèse n'est pas nécessaire si on souhaite simplement exploiter l'information à disposition (espérance de rendement, covariances) de manière rationnelle et poursuivre les calculs.

---

[1] La preuve de cette expression est en annexe.

Une première volatilité de portefeuille sera donc définie par l'écart-type de cette variance.

Dans la suite les notations seront allégées en supprimant les indexations en temps, les développements étant réalisés sur une seule période. La volatilité du portefeuille (respectivement du titre i) est notée σ^P (respectivement σ^i) et son rendement attendu μ^P (respectivement μ^i). La corrélation entre les titres est notée ρ^{ij}, leur covariance $\sigma^{ij} = \rho^{ij}\sigma^i\sigma^j$.

3. Volatilité ex-post et ex-ante

Pour un portefeuille, il y a deux manières simples de calculer une volatilité historique. D'abord, puisqu'on dispose de la série des prix historiques du portefeuille, on en déduit ses rendements sur une périodicité déterminée ce qui permet d'en calculer un écart-type annualisé. C'est par exemple la volatilité qui sera indiquée dans le rapport mensuel d'un fonds. Cette volatilité tient compte bien évidemment des rendements passés des composants, donc de leur volatilité et de leur corrélation sur la durée de calcul, mais aussi de toutes les modifications apportées au portefeuille par le gérant, les ventes et achats de titres. En effet, le gérant ajuste le portefeuille au grès de ses décisions, on dit qu'il procède à des rebalancements ou à des rééquilibrages ou à des arbitrages. Ce calcul de volatilité est dit ex-post pour signifier que l'on tient compte de l'ensemble du passé. Il est fait a posteriori.

Le calcul de la volatilité ex-ante consiste à figer la composition du portefeuille à la date de calcul. Une fois les pondérations connues, elles sont supposées constantes en chaque début de période de calcul d'un rendement de portefeuille comme on le fait avec la formule (4.1) appliquée aux rendements des composants qui sont connus. Le calcul de la volatilité se détermine comme l'écart-type de ces rendements de portefeuille reconstitués, ou de manière équivalente en estimant la matrice de variance-covariance des composants puis en lui appliquant la relation (4.2) avec le vecteur de poids figés. Ce type de calcul est considéré comme plus réaliste pour de la prévision.

En général, la volatilité ex-post est supérieure à la volatilité ex-ante. On s'en convainc aisément en considérant le cas particulier d'un portefeuille dont les composants n'ont jamais été modifiés. Seules leurs pondérations relatives peuvent varier dans le passé selon les choix de gestion. Comparé au calcul ex-ante, le calcul ex-post va intégrer une variabilité supplémentaire à travers les changements par l'équipe de gestion des pondérations. Ainsi, les poids sont assimilés à une composante aléatoire du rendement qui a sa propre volatilité qui n'est pas compensée par les mouvements des actifs en portefeuille et qui s'ajoute à la volatilité des titres détenus. Dès lors, si on se fie aux mesures ex-ante pour suivre un objectif de volatilité ex-post, la valeur réalisée est quasi automatiquement sous-estimée et met en défaut l'objectif de gestion des risques. Nous reviendrons sur ce sujet dans le chapitre 13.

2. Optimisation du couple rendement / volatilité

Cette partie reprend brièvement la théorie initiée par Harry Markowitz (1952) qui formalise l'idée qu'une décision d'investissement entre des actifs doit venir d'un juste équilibre entre les rendements attendus et les risques perçus de ces actifs.

Des hypothèses importantes sont indispensables pour simplifier le cadre d'analyse :

- le marché est parfait : aucun frottement de transactions, les actifs sont infiniment divisibles,
- tous les investisseurs ont le même comportement, en particulier ils sont prudents (ou averses au risque) : entre deux portefeuilles de même espérance de rentabilité, ils préfèrent celui dont le risque est le plus faible,
- tous les actifs peuvent être achetés (détention positive) ou vendus à découvert (détention négative),
- leurs performances sont aléatoires, d'espérances et de variances connues et finies pour un horizon d'intérêt fixe (on travaille sur un seul intervalle de temps),
- les performances des actifs constituant l'univers d'investissement sont linéairement indépendantes : celle d'un actif ne peut s'obtenir par combinaison linéaire des autres. On parle aussi de non redondance des actifs,
- leur matrice de variance covariance est non singulière, elle représente complétement les relations entre les actifs,
- le risque d'un actif ou d'un portefeuille est complétement évalué par sa variance.

Dans ce cadre, on peut constituer une infinité de portefeuilles : ce sont toutes les combinaisons linéaires des actifs existants. Parmi ces portefeuilles, certains vont être plus intéressants (dans un sens à déterminer) : ils « dominent » les autres portefeuilles. On dit qu'un portefeuille est efficace ou efficient si parmi tous les portefeuilles ayant même variance de performance que lui, il a l'espérance de performance la plus forte. L'ensemble des portefeuilles efficients est appelé frontière efficace ou efficiente (de Markowitz). Ainsi, l'investisseur doit déterminer quels sont les portefeuilles efficients puis parmi ceux-là, celui qui réalise pour lui le meilleur compromis entre risque (non désiré) et performance espérée (souhaitée). Ce comportement des investisseurs est synthétisé par une fonction d'utilité qui est une mesure de satisfaction de l'investisseur. Elle dépend d'un niveau d'aversion au risque et donne une importance plus ou moins prépondérante au risque mesuré.

Pour un portefeuille dont les actifs sont complétement caractérisés par leur espérance de rentabilité et la variance de leur rentabilité (c'est le critère espérance variance), cette fonction U peut être formulée comme

$$U(w,\lambda) = w'\mu - \frac{\lambda}{2}w'\Omega w$$

avec : w le vecteur poids des actifs en portefeuille, μ le vecteur des espérance de rentabilités μ^i des actifs, λ l'aversion au risque de l'investisseur, strictement positive (plus ce coefficient est important, plus la variance, le risque, a un impact important dans la mesure U), Ω la matrice de variance covariance du vecteur des rentabilités des actifs.

D'après l'expression de la fonction U, l'investisseur va choisir le portefeuille, représenté par un vecteur poids, w^*, qui maximise la fonction U qui traduit l'ensemble de ses préférences. Cette fonction étant concave en w, il suffit de déterminer le point où la dérivée de U s'annule :

$$\frac{\partial U(w,\lambda)}{\partial w} = \mu - \frac{\lambda}{2} 2\Omega w = \mu - \lambda\Omega w = 0$$

Le vecteur de poids du portefeuille optimal est donc :

$$w^* = \frac{1}{\lambda}\,\Omega^{-1}\mu \tag{4.3}$$

À cette étape, la somme des poids n'est pas nécessairement égale à 1. De plus, la matrice de variance covariance est supposée inversible ce qui nécessite bien que les actifs ne soient pas redondants et que tous les actifs aient une variance strictement positive (autrement dit, tous les actifs sont risqués). En faisant varier $\lambda > 0$, on obtient les portefeuilles efficients, mais le sens de cette aversion au risque, ainsi en choisir une valeur, est difficile à interpréter.

Des contraintes sont introduites et modifient le programme d'optimisation qui devient $\min\limits_{w} w'\Omega w$ en imposant que $w'1 = 1$ et que $w'\mu = \mu^P$ où μ^P est la rentabilité cible du portefeuille optimal w^*. En particulier, les positions courtes (poids négatifs) sont autorisées. On obtient la frontière efficiente en résolvant ce programme pour tous les μ^P atteignables. Ce problème a été très étudié et ne sera pas examiné ici par la suite. Une solution algébrique est, par exemple, donnée dans Poncet et Portait [2].

3. Décomposition de la volatilité

La volatilité du portefeuille est déterminée à partir de la volatilité et des corrélations entre ses composants en suivant la formule :

$$\sigma^P = \sqrt{\sum_{i=1}^{N}\sum_{j=1}^{N} w^i\, w^j\, \rho^{ij}\sigma^i\sigma^j} = (w'\Omega w)^{1/2}$$

On rappelle qu'on a supprimé l'indice de temps s pour alléger la notation, mais tout s'écrit à cet instant-là.

La sensibilité de la variance d'un indice (ou d'un portefeuille, ou d'un panier) par rapport à une pondération d'un de ces composants est donnée par, où on choisit le composant numéro 1 pour faciliter les écritures :

$$\frac{\partial(\sigma^P)^2}{\partial w^1} = \frac{\partial}{\partial w^1}\left[w^1\sigma^1\left(\sum_j w^j\sigma^j\rho^{1j}\right) + \ldots + w^N\sigma^N\left(\sum_j w^j\sigma^j\rho^{Nj}\right)\right]$$

$$= \sigma^1\left(\sum_j w^j\sigma^j\rho^{1j}\right) + w^1\sigma^1\sigma^1\rho^{11} + \ldots + w^N\sigma^N\sigma^1\rho^{N1}$$

$$= 2\sigma^1\left(\sum_j w^j\sigma^j\rho^{1j}\right)$$

Soit pour le i^{ème} composant :

$$\frac{\partial(\sigma^P)^2}{\partial w^i} = 2\left(\sum_j w^j\sigma^i\sigma^j\rho^{ij}\right) = 2cov(R^i, R^P) = 2\sigma^{iP}$$

en notant $\sigma^{iP} = \sum_j w^j cov(R^i, R^j)$ la covariance entre le rendement du titre i et celui du portefeuille.

La contribution de l'action à la variance totale de l'indice est mesurée par deux fois la covariance entre son rendement et le rendement de l'indice. Elle est donc positive ou négative. On peut noter ρ^{iP} la corrélation entre l'action i et le portefeuille :

$$\rho^{iP} = \frac{\sigma^{iP}}{\sigma^i\sigma^P}$$

β^{iP} est le bêta de l'action i relativement au portefeuille P. Il est défini par

$$\beta^{iP} \overset{def}{=} \frac{\sigma^{iP}}{(\sigma^P)^2} = \frac{\sigma^i\rho^{iP}}{\sigma^P}$$

Comme

$$\frac{\partial(\sigma^P)^2}{\partial w^i} = \frac{\partial(\sigma^P)^2}{\partial\sigma^P}\frac{\partial\sigma^P}{\partial w^i} = 2\sigma^P\frac{\partial\sigma^P}{\partial w^i}$$

nous avons

$$\frac{\partial\sigma^P}{\partial w^i} = \rho^{iP}\sigma^i = \beta^{iP}\sigma^P = \frac{\sigma^{iP}}{\sigma^P}$$

En passant à l'écriture matricielle ; le vecteur CMR (pour Contribution Marginale au Risque) est le vecteur des sensibilités de la volatilité à une variation des poids de chaque actif, autrement dit :

$$CMR = \frac{\partial\sigma^P}{\partial w} = \frac{\Omega w}{\sigma^P}$$

où le i^{ème} élément s'écrit

$$\frac{\partial\sigma^P}{\partial w^i} = \frac{cov(R^i, R^P)}{\sigma^P} = \beta^{iP}\sigma^P$$

On a alors :

$$w'CMR = \sum_i w^i\frac{\partial\sigma^P}{\partial w^i} = \frac{\sum_i w^i\, cov(R^i, R^P)}{\sigma^P} = \frac{cov(\sum_i w^i R^i, R^P)}{\sigma^P} = \sigma^P$$

On définit la contribution au risque de l'actif i par :

$$CR^i = \frac{w^i\sum_j w^j\, cov(R^i, R^j)}{\sigma^P}$$

Leur somme est égale à la volatilité d'après la relation précédente. On peut également définir le vecteur des contributions relatives au risque, qui s'écrit en notation matricielle :

$$CRR = \frac{W}{\sigma^P}\frac{\partial\sigma^P}{\partial w}$$

où $W = diag(w)$. Sa i^{ème} composante s'écrit également

$$CRR^i = \frac{w^i \sum_j w^j \, cov(R^i, R^j)}{(\sigma^P)^2} = \beta^{iP} w^i$$

et leur somme pour les N actifs vaut 1 (ou 100%)[1].

La contribution marginale $\frac{\partial\sigma^P}{\partial w^i}$ d'un titre indique, par définition, la sensibilité de la volatilité du portefeuille à une variation de la pondération du titre dans le portefeuille. Un titre acheté et positivement corrélé avec l'ensemble du portefeuille aura une contribution marginale positive d'après les calculs précédents. Une hausse (respectivement une baisse) marginale de sa pondération augmente (réduit) la volatilité du portefeuille. Si la contribution marginale est négative, c'est l'inverse qui est vrai. De cette manière, en hiérarchisant (en valeur absolue) les contributions marginales des actifs composants un portefeuille, on identifie ceux ayant le plus d'impact sur le risque du portefeuille. La hiérarchie (en valeur absolue) des contributions relatives au risque révèle les titres du portefeuille qui embarquent le plus de risque au sein du portefeuille. Ces calculs montrent que la pondération du titre dans le portefeuille n'est pas le seul facteur (contrairement à l'intuition générale) puisque le bêta du titre dans le portefeuille intervient. Dans une lecture prospective, ce sont donc les titres qui concentrent le plus les attentes de performance. Au contraire, les titres dont les contributions marginales sont proches de zéro ont une corrélation faible avec le portefeuille et donc déjà dispersés relativement à celui-ci. Si les attentes de rendement sont positives sur ces titres à faible contribution marginale, les renforcer est une façon de d'augmenter l'espérance de performance en limitant la hausse de risque.

Remarque

Lorsque les poids varient sur la période $[0, T]$*, alors que volatilités et corrélations des composants sont constantes, on peut généraliser les résultats ci-dessus. La contribution à la volatilité sur la période* $[0, T]$ *s'écrit :*

---

[1] Cette décomposition découle d'un résultat général, dit théorème ou identité d'Euler : Supposons que la fonction $f: \mathbb{R}^n \to \mathbb{R}$ ait des dérivées partielles. Alors f est homogène de degré k si et seulement si $x\nabla f(x) = kf(x)$ où l'opérateur ∇ est donné par $\nabla = \left(\frac{\partial}{\partial x_1}, \dots, \frac{\partial}{\partial x_n}\right)$. La démonstration s'obtient à partir de la définition de l'homogénéité de degré k sans oublier que si une fonction homogène est de degré k, ses dérivées partielles, si elles existent, sont homogènes de degré $k - 1$. On vérifie aisément que la variance est homogène de degré 2 et sa racine carrée homogène de degré 1.

$$CR^i = \frac{cov(w^i R^i, R^P)}{\sigma^P} = corr(w^i R^i, R^P)\,\sigma(w^i R^i)$$

où $\sigma(w^i R^i)$ est la volatilité de la série $w_s^i R_{s,t}^i$ des contributions des titres i entre chaque opération d'achat / vente (il n'y a aucun changement de portefeuille sur l'intervalle $]s,t[$).

Dans le cas du portefeuille optimal sans contrainte, il n'y a pas de risque inconscient et tout risque supplémentaire est compensé par un même rendement supplémentaire. Autrement dit, un portefeuille optimal (efficient) est un portefeuille dans lequel la contribution marginale de chaque titre au rendement attendu du portefeuille est proportionnelle à sa contribution marginale au risque. Mathématiquement, ceci découle de la solution (4.3). Pour le portefeuille optimal nous avons donc :

$$\mu = \lambda \Omega w$$

Cela s'écrit :

$$\mu = \lambda \sigma^P \frac{\Omega w}{\sigma^P} = \lambda \sigma^P \frac{\partial \sigma^P}{\partial w}$$

Soit pour le titre i,

$$\mu^i = \lambda \sigma^P \frac{\partial \sigma^P}{\partial w^i}$$

En multipliant par w^i on obtient :

$$w^i \mu^i = \lambda \sigma^P w^i \frac{\partial \sigma^P}{\partial w^i} \tag{4.4}$$

On peut aller un peu plus loin. En sommant sur i, on trouve :

$$\mu^P = \lambda \sigma^P \sum_{i=1}^{N} w^i \frac{\partial \sigma^P}{\partial w^i} = \lambda (\sigma^P)^2$$

En injectant, la valeur de λ ainsi obtenue dans la relation (4.4), on a

$$w^i \mu^i = \frac{\mu^P}{(\sigma^P)^2} \sigma^P w^i \frac{\partial \sigma^P}{\partial w^i}$$

Ainsi,

$$\frac{w^i \mu^i}{\mu^P} = \frac{w^i \frac{\partial \sigma^P}{\partial w^i}}{\sigma^P} \tag{4.5}$$

Ce qui se reformule en disant que la contribution relative à la performance d'un portefeuille optimal du titre i est égale à sa contribution relative au risque au sein de ce même portefeuille.

Ces résultats, et en particulier la décomposition précédente, vont permettre une gestion active du risque : un portefeuille pourra être construit afin de s'assurer d'une répartition du risque cible. C'est la budgétisation du risque ou le risk budgeting. Une référence théorique est le livre de Roncalli [9] et un exemple pratique sera présenté dans le chapitre 13.

4. Portefeuille et modèle de Black-Scholes

Dans l'esprit théorique de la section 2 du chapitre 3, nous allons étudier la volatilité d'un portefeuille avec cette modélisation. En suivant la définition précédente dans ce modèle, la volatilité du portefeuille P est le nombre σ^P qui satisfait :

$$\frac{dP_t}{P_t} = \mu^P dt + \sigma^P dW_t^P$$

pour (W_t^P) mouvement brownien.

Les N composants du portefeuille satisfont, pour $i = 1, \dots, N$,

$$\frac{dS_i^i}{S_i^i} = \mu^i dt + \sigma^i dW_t^i$$

Leurs poids à l'instant t sont notés w_t^i et ρ^{ij} est la corrélation (instantanée) entre les rendements (élémentaires) dS^i/S^i et dS^j/S^j (c'est-à-dire entre les browniens).

On peut écrire :

$$\frac{dP_t}{P_t} = \sum_{i=1}^{N} w_t^i \frac{dS_t^i}{S_t^i}$$

D'où, par simple identification,

$$\mu^P = \sum_{i=1}^{N} w_0^i \mu^i$$

et en passant à la variance

$$(\sigma^P)^2 = \sum_{i=1}^{N} \sum_{j=1}^{N} w_0^i w_0^j \sigma^i \sigma^j \rho^{ij}$$

Intervient ici le problème de la modélisation de tous les actifs par une distribution log-normale. Si les composantes sont log-normales, leur somme pondérée n'est pas log-normale en général. Donc, cette relation provient d'un abus mathématique, puisque la somme $\sum_{i=1}^{N} w_t^i dW_t{}^i$ n'est pas un mouvement brownien en général.

On a vu plus haut que le rendement cumulé du portefeuille s'écrit :

$$R_{0,T}^P = \sum_{i=1}^{N} w_0^i \, R_{0,T}^i$$

avec sa variance cumulée :

$$\sigma(R_{0,T}^P)^2 = \sum_{i=1}^{N} \sum_{j=1}^{N} w_0^i w_0^j \, cov(R_{0,T}^i, R_{0,T}^j)$$

Or, sous les hypothèses des lois de probabilités normales pour les rendements (ou log-normales pour les sous-jacents), on peut montrer (voir en annexe la section 7.3) que :

$$cov(R_{0,T}^{i}, R_{0,T}^{j}) = exp(\mu^{i}T + \mu^{j}T)[exp(\rho^{ij}\sigma^{i}\sigma^{j}T) - 1]$$

Ce résultat généralise l'expression que nous avons trouvée pour l'écart-type au chapitre 3. Enfin, puisque le portefeuille est lui aussi un actif modélisé par un mouvement brownien (par définition et abus !), on a :

$$\sigma(R_{0,T}^{P})^{2} = exp(2\mu^{P}T) * [exp((\sigma^{P})^{2}T) - 1]$$

par conséquent, la relation entre les volatilités pour tout horizon T est donnée par :

$$(\sigma^{P})^{2} = \frac{1}{T}ln\left[1 + e^{-2\mu^{P}T}\left(\sum_{i=1}^{N}\sum_{j=1}^{N} w_{0}^{i}w_{0}^{j}e^{\mu^{i}T+\mu^{j}T}\left[e^{\rho^{ij}\sigma^{i}\sigma^{j}T} - 1\right]\right)\right]$$

Cette relation est déjà bien connue des traders d'options de panier où les « μ » sont remplacées par une dérive neutre au risque. Cet aspect sera examiné dans la partie III mais on peut noter tout de suite, en prenant, pour tout i, $\mu^{i} = \mu^{P} = r$, que

$$(\sigma^{P})^{2} = \frac{1}{T}ln\left[1 + \left(\sum_{i=1}^{N}\sum_{j=1}^{N} w_{0}^{i}w_{0}^{j}\left[e^{\rho^{ij}\sigma^{i}\sigma^{j}T} - 1\right]\right)\right]$$

Avec les approximations, acceptables sur courtes périodes (T petit) :

$$e^{\rho^{ij}\sigma^{i}\sigma^{j}T} - 1 \cong \rho^{ij}\sigma^{i}\sigma^{j}T$$

$$ln\left[1 + \sum_{i=1}^{N}\sum_{j=1}^{N} w_{0}^{i}w_{0}^{j}\rho^{ij}\sigma^{i}\sigma^{j}T\right] \cong T\sum_{i=1}^{N}\sum_{j=1}^{N} w_{0}^{i}w_{0}^{j}\rho^{ij}\sigma^{i}\sigma^{j}$$

On obtient

$$(\sigma^{P})^{2} \cong \sum_{i=1}^{N}\sum_{j=1}^{N} w_{0}^{i}w_{0}^{j}\rho^{ij}\sigma^{i}\sigma^{j}$$

Ceci nous indique que ces expressions sont compatibles sur un intervalle de temps suffisamment court, pendant lequel les paramètres sont considérés constants. Finalement, la volatilité implicite (donc en se plaçant dans le modèle de Black-Scholes) d'une option sur un portefeuille dans le modèle de Black-Scholes est un élément avec une double définition : par l'option sur portefeuille (un indice en général) ou par les options des composants du portefeuille et la formule ci-dessus. Cela fait l'objet d'un intérêt particulier des opérateurs sur options qui sera étudié dans le chapitre 12.

5. Portefeuille et modèles à facteur

En reprenant le modèle à facteurs (communs à tous les actifs) vu pour un actif individuel au chapitre 3 pour l'appliquer à chacun des N titres composant un portefeuille P, le rendement du portefeuille sur une période débutant en s et s'achevant en t est donné par :

$$R_{s,t}^{P} = \sum_{i=1}^{N} w_s^i\,\alpha_t^i + \sum_{i=1}^{N} w_s^i \sum_{k=1}^{K} \beta_t^{ik} f_t^k + \sum_{i=1}^{N} w_s^i\,\varepsilon_t^i$$

En notant la sensibilité du portefeuille au facteur k :

$$\beta_t^{Pk} = \sum_{i=1}^{N} w_s^i\,\beta_t^{ik}$$

L'espérance spécifique du portefeuille est notée $\alpha_t^P = \sum_{i=1}^{N} w_s^i\,\alpha_t^i$

Le passage à la variance permet d'écrire, avec les hypothèses du chapitre 3 :

$$Var(R_{s,t}^P) = (\sigma_t^P)^2 = \sum_{k=1}^{K} (\beta_t^{Pk})^2 Var(f_t^k) + \sum_{i=1}^{N} (w_s^i)^2\, Var(\varepsilon_t^i)$$

La variance systématique du portefeuille est donnée par

$$\left(\sigma_t^{P,sys}\right)^2 = \sum_{k=1}^{K} (\beta_t^{Pk})^2 Var(f_t^k)$$

La volatilité systématique du portefeuille s'obtient en en prenant la racine carrée. Sa variance spécifique est notée

$$\left(\sigma_t^{P,spe}\right)^2 = \sum_{i=1}^{N} (w_s^i)^2\, Var(\varepsilon_t^i)$$

dont le passage à la racine carrée définit la volatilité spécifique du portefeuille.

Ces calculs sont souvent présentés en écriture matricielle, en introduisant certaines notations. Le vecteur de poids (où $'$ désigne la transposition) s'écrit :

$$W_s' = (w_s^1, \dots, w_s^N)$$

La matrice $N \times K$ des coefficients de chargement est :

$$B_t = (\beta_t^{ik}) = \begin{pmatrix} \beta_t^{11} & \cdots & \beta_t^{1K} \\ \vdots & \ddots & \vdots \\ \beta_t^{N1} & \cdots & \beta_t^{NK} \end{pmatrix}$$

La matrice de variance covariance $K \times K$ des facteurs, diagonale par hypothèse[1], se note :

$$F_t = \begin{pmatrix} Var(f_t^1) & 0 & 0 \\ 0 & \ddots & 0 \\ 0 & 0 & Var(f_t^K) \end{pmatrix}$$

La matrice de variance covariance $N \times N$ de la composante spécifique, diagonale également par construction, est donnée par :

[1] Cette caractéristique de l'APT est vérifiée lors d'une construction statistique des facteurs. Dans les autres modèles, les facteurs sont construits pour s'approcher au mieux de celle-ci.

$$E_t = \begin{pmatrix} Var(\varepsilon_t^1) & 0 & 0 \\ 0 & \ddots & 0 \\ 0 & 0 & Var(\varepsilon_t^N) \end{pmatrix}$$

Ainsi,

$$(\sigma_t^P)^2 = W_s'(B_t F_t B_t' + E_t)\, W_s$$

Il est toujours possible dans cette modélisation de normaliser les facteurs de sorte que $Var(f_t^k) = 1$, quitte à ajuster les β_t^{ik}. Ainsi, cette relation est aussi réécrite dans la littérature comme$(\sigma_t^P)^2 = W_s'(B_t B_t' + E_t)\, W_s$

Les contributions à ces différentes volatilités peuvent également être définies.

La volatilité systématique marginale d'un titre est la dérivée partielle de la volatilité systématique du portefeuille par rapport à la pondération de ce titre. Elle mesure la sensibilité de la volatilité systématique du portefeuille à une variation marginale de la pondération du titre. Puisque :

$$\frac{\partial\left(\sigma_t^{P,sys}\right)^2}{\partial\sigma_t^{P,sys}} \frac{\partial\sigma_t^{P,sys}}{\partial w_s^i} = \frac{\partial\left(\sigma_t^{P,sys}\right)^2}{\partial w_s^i}$$

on a donc :

$$\frac{\partial\sigma_t^{P,sys}}{\partial w_s^i} = \frac{1}{2\sigma_t^{P,sys}} \frac{\partial\left(\sigma_t^{P,sys}\right)^2}{\partial w_s^i}$$

On calcule alors

$$\frac{\partial\left(\sigma_t^{P,sys}\right)^2}{\partial w_s^i} = \sum_{k=1}^{K} \frac{\partial\left(\beta_t^{Pk}\right)^2}{\partial w_s^i} Var(f_t^k)$$

qui nécessite

$$\frac{\partial\left(\beta_t^{Pk}\right)^2}{\partial w_s^i} = 2\beta_t^{Pk}\beta_t^{ik}$$

pour obtenir la volatilité systématique marginale comme :

$$\frac{\partial\sigma_t^{P,sys}}{\partial w_s^i} = \frac{\sum_{k=1}^{K} \beta_t^{Pk}\beta_t^{ik} Var(f_t^k)}{\sigma_t^{P,sys}}$$

Et on a :

$$\sum_{i=1}^{N} w_s^i \frac{\partial\sigma_t^{P,sys}}{\partial w_s^i} = \frac{\sum_{i=1}^{N} w_s^i \sum_{k=1}^{K} \beta_t^{Pk}\beta_t^{ik} Var(f_t^k)}{\sigma_t^{P,sys}}$$

$$= \frac{\sum_{k=1}^{K} \beta_t^{Pk} Var(f_t^k) \sum_{i=1}^{N} w_s^i\, \beta_t^{ik}}{\sigma_t^{P,sys}}$$

$$= \sigma_t^{P,sys}$$

Ce qui permet de définir les contributions à la volatilité systématique.

La volatilité spécifique marginale d'un titre est la dérivée partielle de la volatilité spécifique du portefeuille par rapport à la pondération de ce titre. Elle mesure la sensibilité de la volatilité spécifique du portefeuille à une variation marginale de la pondération du titre. Puisque,

$$\frac{\partial\left(\sigma_t^{P,spe}\right)^2}{\partial\sigma_t^{P,spe}}\frac{\partial\sigma_t^{P,spe}}{\partial w_s^i}=\frac{\partial\left(\sigma_t^{P,spe}\right)^2}{\partial w_s^i}$$

on a donc

$$\frac{\partial\sigma_t^{P,spe}}{\partial w_s^i}=\frac{1}{2\sigma_t^{P,spe}}\frac{\partial\left(\sigma_t^{P,spe}\right)^2}{\partial w_s^i}$$

On calcule alors

$$\frac{\partial\left(\sigma_t^{P,spe}\right)^2}{\partial w_s^i}=\frac{\partial\left(w_s^i\right)^2}{\partial w_s^i}Var(\varepsilon_t^i)$$

qui nécessite

$$\frac{\partial\left(w_s^i\right)^2}{\partial w_s^i}=2w_s^i$$

pour obtenir la volatilité systématique marginale comme

$$\frac{\partial\sigma_t^{P,spe}}{\partial w_s^i}=\frac{w_s^iVar(\varepsilon_t^i)}{\sigma_t^{P,spe}}$$

et on a

$$\sum_{i=1}^{N}w_s^i\frac{\partial\sigma_t^{P,spe}}{\partial w_s^i}=\frac{\sum_{i=1}^{N}w_s^iw_s^iVar(\varepsilon_t^i)}{\sigma_t^{P,sys}}=\sigma_t^{P,spe}$$

permettant de décomposer la volatilité spécifique du portefeuille.

Par ailleurs, la contribution à la volatilité totale du titre i s'écrit :

$$w_s^i\frac{\partial\sigma_t^P}{\partial w_s^i}=w_s^i\frac{\sum_{k=1}^{K}\beta_t^{Pk}\beta_t^{ik}Var(f_t^k)+w_s^iVar(\varepsilon_t^i)}{\sigma_t^P}$$

6. La tracking error

Parfois, la performance et donc le risque d'un portefeuille se mesurent par rapport à une référence : un benchmark qui peut être un indice, un niveau de performance monétaire, l'inflation cumulée ou une combinaison linéaire de références. La variable qui porte l'incertitude n'est plus le rendement du portefeuille, mais l'écart de ce rendement avec celui du benchmark retenu. On mesure alors l'écart-type des écarts de rendements du portefeuille et de sa référence qui est appelé tracking error (volatility). En termes mathématiques, elle généralise la fonction de volatilité dans le sens où celle-ci est une tracking error de référence la valeur nulle. En pratique, elles permettent des analyses complémentaires.

Tout ce qui a été écrit pour la volatilité vu comme un écart-type peut s'étendre à la tracking error : contributions de tracking error, tracking error systématique et spécifique, etc… L'écriture de ces formules nécessite des notations supplémentaires. La lettre B fera référence au benchmark. On écrit $w_s^{i,P}$ et $w_s^{i,B}$ les pondérations de l'actif i respectivement dans le portefeuille P et dans l'indice de référence B. On note M le nombre d'instruments regroupant les composants du portefeuille et du benchmark. En général, $M >> N$. Cela permet de définir pour tout $i = 1, \dots, M$ le poids actif d'un portefeuille qui est simplement la différence :

$$w_s^{i,P} - w_s^{i,B}$$

Lorsque l'actif i n'est pas présent dans le portefeuille, $w_s^{i,P} = 0$ (ou $w_s^{i,B} = 0$ s'il n'est pas présent dans la composition du benchmark) et la variable aléatoire d'intérêt devient l'écart de performance entre le portefeuille et sa référence :

$$R_{s,t}^P - R_{s,t}^B = \sum_{i=1}^{M} \left(w_s^{i,P} - w_s^{i,B}\right) R_{s,t}^i$$

La tracking error, notée TE, est la racine carrée de la variance de cet écart de performance. Tous les calculs précédents se transposent à ce cadre plus général, les estimateurs à partir des données également, l'annualisation ou encore l'optimisation.

On note donc, en simplifiant les indexations temporelles :

$$\begin{aligned} TE &= \sqrt{Var\left(\sum_{i=1}^{M}(w^{i,P} - w^{i,B})\, R^i\right)} \\ &= \sqrt{\sum_{i,j=1}^{M}(w^{i,P} - w^{i,B})(w^{j,P} - w^{j,B})\, cov(R^i, R^j)} \\ &= \sqrt{(W^P - W^B)'\, \Omega\, (W^P - W^B)} \end{aligned}$$

où $\Delta W = (W^P - W^B)'$ est le vecteur ligne des poids actifs.

La tracking error se décompose et permet de définir ses contributions marginales, en notant $\Delta w^i = w^{i,P} - w^{i,B}$. Sa sensibilité marginale pour le titre i est la dérivée relativement au poids actif de ce titre :

$$\frac{\partial TE}{\partial \Delta w^i} = \frac{(\Omega\, \Delta W)_i}{TE} = \frac{\sum_{j=1}^{M} \Delta w^j\, cov(R^i, R^j)}{TE}$$

La décomposition est alors :

$$TE = \sum_{i=1}^{M} \Delta w^i\, \frac{\partial TE}{\partial \Delta w^i}$$

La contribution relative du titre i à la tracking error s'écrit $\frac{1}{TE}\ \Delta w^i\ \frac{\partial TE}{\partial \Delta w^i}$.

Remarque

La variation du poids actif Δw^i est analysée du poids de vue du gérant de portefeuille, ce qui implique qu'une variation de Δw^i ne vient alors que d'une variation de $w^{i,P}$.

Lorsqu'on spécifie de plus un modèle factoriel comme précédemment, on peut écrire :

$$R^P - R^B = \sum_{i=1}^{M} \left[(\Delta w^i) \left(\alpha^i + \sum_{k=1}^{K} \beta^{ik} f^k + \varepsilon^i \right) \right]$$

En passant à la variance puis à la racine carrée, on obtient :

$$TE = \sqrt{\sum_{k=1}^{K} \left(\sum_{i=1}^{M} \Delta w^i\, \beta^{ik} \right)^2 Var(f^k) + \sum_{i=1}^{M} (\Delta w^i)^2\, Var(\varepsilon^i)}$$

La tracking error systématique s'écrit

$$TE^{sys} = \sqrt{\sum_{k=1}^{K} \left(\sum_{i=1}^{M} \Delta w^i\, \beta^{ik} \right)^2 Var(f^k)}$$

La tracking error spécifique se calcule avec

$$TE^{spe} = \sqrt{\sum_{i=1}^{M} (\Delta w^i)^2\, Var(\varepsilon^i)}$$

La tracking error marginale devient :

$$\frac{\partial TE}{\partial \Delta w^i} = \frac{\sum_{k=1}^{K} \beta^{ik} \sum_{j=1}^{M} \Delta w^j\, \beta^{jk} + \Delta w^i\, Var(\varepsilon^i)}{TE}$$

Les tracking error marginales systématique et spécifique sont respectivement :

$$\frac{\partial TE^{sys}}{\partial \Delta w^i} = \frac{\sum_{k=1}^{K} \beta^{ik} \sum_{j=1}^{M} \Delta w^j\, \beta^{jk}}{TE^{sys}}$$

$$\frac{\partial TE^{spe}}{\partial \Delta w^i} = \frac{\Delta w^i Var(\varepsilon^i)}{TE^{spe}}$$

Les contributions à la tracking error systématique et tracking error spécifique sont respectivement $\Delta w^i \frac{\partial TE^{sys}}{\partial \Delta w^i}$ et $\Delta w^i \frac{\partial TE^{spe}}{\partial \Delta w^i}$ et on a bien :

$$\sum_{i=1}^{M} \Delta w^i \frac{\partial TE^{sys}}{\partial \Delta w^i} = TE^{sys}$$

$$\sum_{i=1}^{M} \Delta w^i \frac{\partial TE^{spe}}{\partial \Delta w^i} = TE^{spe}$$

Ce qui permet de définir les contributions relatives aux tracking errors systématique $\frac{1}{TE^{sys}} \Delta w^i \frac{\partial TE^{sys}}{\partial \Delta w^i}$ et spécifique $\frac{1}{TE^{spe}} \Delta w^i \frac{\partial TE^{spe}}{\partial \Delta w^i}$.

L'utilisation de la contribution marginale et relative de la tracking error d'un titre dans un portefeuille est identique à la volatilité avec des objectifs ajustés de hausse ou de réduction de la TE ou de ses composantes systématiques et spécifiques et de d'attente de surperformance du portefeuille vis-à-vis du benchmark.

7. Annexe

1. Rendement du portefeuille en fonction de celui de ces composants

Dans le cadre de la section 1 de ce chapitre, le rendement du portefeuille P sur la période $[s, t[$ s'écrit :

$$R_{s,t}^P = \sum_{i=1}^{N} w_s^i \, R_{s,t}^i$$

En effet, en reprenant les notations précédentes de ce chapitre, la valeur du portefeuille en s s'écrit :

$$P_s = \sum_{i=1}^{N} n_s^i \, S_s^i$$

$$P_t - P_s = \sum_{i=1}^{N} n_t^i \, S_t^i - \sum_{i=1}^{N} n_s^i \, S_s^i$$

Or comme il n'y a aucune opération réalisée sur cet intervalle de temps sur le portefeuille, les quantités sont stables d'un instant à l'autre :

$$n_t^i = n_s^i$$

Donc

$$P_t - P_s = \sum_{i=1}^{N} n_s^i \left(S_t^i - S_s^i\right)$$

Le rendement du portefeuille s'écrit donc :

$$R_{s,t}^P = \frac{P_t - P_s}{P_s} = \sum_{i=1}^{N} \frac{n_s^i}{P_s} \left(S_t^i - S_s^i\right)$$

Et si nous introduisons le rendement du titre i sur l'intervalle

$$R_{s,t}^i = \frac{S_t^i - S_s^i}{S_s^i}$$

nous pouvons écrire

$$R_{s,t}^{P} = \sum_{i=1}^{N} \frac{n_s^i S_s^i}{P_s} \frac{(S_t^i - S_s^i)}{S_s^i}$$

Ceci démontre le résultat attendu en posant :

$$w_s^i = \frac{n_s^i S_s^i}{P_s}$$

Cette relation n'est plus exacte avec des rendements logarithmiques ce qui justifie encore la préférence pour les rendements arithmétiques en pratique.

De plus, puisqu'entre les instants s et t, on laisse évoluer les actifs sans intervention sur le portefeuille, le poids à l'instant t est alors :

$$w_t^i = \frac{n_s^i S_t^i}{P_t}$$

n_s^i nous sert de variable passage entre les deux poids ce qui permet d'écrire :

$$\frac{w_s^i P_s}{S_s^i} = \frac{w_t^i P_t}{S_t^i}$$

pour obtenir :

$$w_t^i = w_s^i \frac{P_s}{P_t} \frac{S_t^i}{S_s^i} = w_s^i \frac{1 + R_{s,t}^i}{1 + R_{s,t}^P}$$

Si $\sum_i w_s^i = 1$, on vérifie que $\sum_i w_t^i = 1$ pour la période suivante. Cette relation exprime l'impact des seules performances sur l'évolution des poids des composants d'un portefeuille. Elle peut être utile lors de simulation d'évolution de portefeuille à partir de simulation de ses composants (simulation de Monte Carlo par exemple) lorsque l'on souhaite placer des contraintes sur leurs pondérations à divers instants avant l'horizon de simulation.

2. Volatilité transversale

Mieux connue sous son nom anglosaxon cross-sectional volatility (CSV), elle se définit à partir de la dispersion des rendements des composants d'un portefeuille sur une période donnée.

Si on a $R_{s,t}^P = \sum_{i=1}^{N_s} w_s^i R_{s,t}^i$, on peut construire l'écart-type (en remarquant ici que le nombre de composants N_s dépend du temps et peut varier d'une période à l'autre) :

$$CSV_{s,t}^P = \sqrt{\sum_{i=1}^{N_s} w_s^i \left(R_{s,t}^i - R_{s,t}^P\right)^2}$$

On peut écrire :

$$\begin{aligned}\left(CSV_{s,t}^{P}\right)^2 &= \sum_{i=1}^{N_s} w_s^i \left(R_{s,t}^i\right)^2 + w_s^i \left(R_{s,t}^P\right)^2 - 2R_{s,t}^P \sum_{i=1}^{N_s} w_s^i R_{s,t}^i \\ &= \sum_{i=1}^{N_s} w_s^i \left(R_{s,t}^i\right)^2 - \left(R_{s,t}^P\right)^2\end{aligned}$$

Cette volatilité apparaîtra au chapitre 12.

En utilisant un modèle factoriel, avec l'hypothèse que les coefficients factoriels et les variances résiduelles des composants sont identiques, on peut montrer qu'asymptotiquement $\left(CSV_{s,t}^{P}\right)^2$ converge vers la variance résiduelle commune à tous les composants. Cette propriété théorique permet d'interpréter la variance transversale d'un portefeuille comme un proxy (indépendant d'un modèle), de la variance spécifique d'un portefeuille (voir Goltz et al. [10]).

3. Covariance et corrélation cumulées

Le modèle des composantes du portefeuille est donné par pour $i = 1, \dots, N$:

$$\frac{dS_t^i}{S_t^i} = \mu^i dt + \sigma^i dW_t{}^i$$

On note ρ^{ij} la corrélation (instantanée) entre les rendements (élémentaires) dS^i/S^i et dS^j/S^j. Nous examinons la covariance entre $R_{0,T}^i$ et $R_{0,U}^j$ où $U < T$.

$$\begin{aligned}cov(R_{0,T}^i, R_{0,U}^j) &= \frac{cov(S_T^i, S_U^j)}{S_0^i S_0^j} \\ &= e^{\mu^i T + \mu^j U - \frac{1}{2}\left((\sigma^i)^2 T + (\sigma^j)^2 U\right)} \, cov\left(e^{\sigma^i (W_T^i - W_0^i)},\ e^{\sigma^j \left(W_U^j - W_0^i\right)}\right)\end{aligned}$$

avec

$$cov\left(e^{\sigma^i (W_T^i - W_0^i)},\ e^{\sigma^j (W_U^i - W_0^i)}\right) = E\left(e^{\sigma^i W_T^i + \sigma^j W_U^j - \frac{1}{2}\left[(\sigma^i)^2 T + (\sigma^j)^2 U\right]}\right)$$

D'après la décomposition de Cholesky, nous pouvons toujours écrire

$$W_U^j = \rho^{ij} W_U^i + Z_U^i \sqrt{1 - (\rho^{ij})^2}$$

où est Z^i un mouvement brownien indépendant de W^i. Nous réécrivons en faisant apparaître les variables indépendantes :

$$E\left(e^{\sigma^i W_T^i+\sigma^j W_U^j}\right)=E\left(e^{\sigma^i W_U^i+\sigma^j\rho^{ij}W_U^i}\right)E\left(e^{\sigma^i(W_T^i-W_U^i)}\right)E\left(e^{\sigma^j Z_U^i\sqrt{1-(\rho^{ij})^2}}\right)$$

$$=e^{\frac{1}{2}(\sigma^i+\rho^{ij}\sigma^j)^2U}\;e^{\frac{1}{2}(\sigma^i)^2(T-U)}\;e^{\frac{1}{2}\left(1-(\rho^{ij})^2\right)(\sigma^j)^2U}$$

$$=e^{\frac{1}{2}\left((\sigma^i)^2+2\rho^{ij}\sigma^i\sigma^j+(\sigma^j)^2\right)U}\;e^{\frac{1}{2}(\sigma^i)^2(T-U)}$$

$$=e^{\frac{1}{2}\left((\sigma^i)^2T+(\sigma^j)^2U\right)+\rho^{ij}\sigma^i\sigma^jU}$$

Enfin, nous obtenons la covariance cumulée :

$$cov(R_{0,T}^i,R_{0,U}^j)=exp(\mu^iT+\mu^jU)[exp(\rho^{ij}\sigma^i\sigma^jU)-1]$$

et la corrélation cumulée :

$$corr(R_{0,T}^i,R_{0,U}^j)=\frac{[exp(\rho^{ij}\sigma^i\sigma^jU)-1]}{(exp((\sigma^i)^2T)-1)^{1/2}(exp((\sigma^j)^2U)-1)^{1/2}}$$

4. Lacunes de la volatilité comme mesure de perte

En tant qu'évaluation d'un risque, la volatilité est une mesure du risque régulier d'un actif (ou d'un portefeuille) tout au long de sa durée de vie. Elle dépend des écarts des rendements à une moyenne de ces rendements. Aucune information particulière n'est prise en compte sur les écarts « extrêmes » puisque ceux-ci sont noyés au milieu des autres données. Pourtant, ce sont les plus importants car ils ont les impacts les plus négatifs sur un portefeuille, ce sont précisément ceux-là qu'on veut éviter en priorité en tant qu'investisseur. Pour cela, la Value at Risk (ou VaR), qui est un quantile de la loi de distribution des rendements, focalise sur les pertes extrêmes en les probabilisant (la TaR, pour Tracking at Risk, est de manière analogue un quantile de la distribution des écarts de rendements). De même, la volatilité ne prend pas en compte la différence entre les bons écarts (ceux qui bénéficient à l'investisseur) et les mauvais (ceux qui lui procurent une perte), or le risque de perte entraîne une asymétrie de préférence. Ceci peut être pris en compte par l'utilisation de la semi-variance (ou la semi-volatilité, sa racine carrée et plus généralement les L-moments, L pour Lower). Ces mesures ne tiennent compte que des rendements inférieurs à un certain seuil (par exemple 0% ou encore le taux sans risque comme dans la formule (2.1)). Cette approche tente de ne mesurer que la « mauvaise » volatilité, celle qui fait subir des pertes à l'investisseur. Pour l'anecdote, Harry Markowitz, lorsqu'il a élaboré sa théorie du portefeuille, souhaitait utiliser ce type de mesure. Cependant, ne disposant pas de nos outils de calculs numériques modernes, il a dû se contenter de la variance afin de mener les calculs manuellement et construire sa théorie qui a eu tant d'influence sur la finance quantitative. Ces outils sont en effet peu manipulables algébriquement. La volatilité est une mesure de dispersion, symétrique, alors que la finance l'a utilisée comme une mesure de perte, qui devrait être asymétrique par nature. La volatilité ne mesure pas une perte. Bien estimée, elle mesure un risque et un potentiel, le monde des produits dérivés optionnels l'a bien compris, et nous examinerons cela dans les parties II et III.

Partie II. Modèles de volatilité implicite

Chapitre 5 – Capturer le smile

À partir de 1973, le modèle de Black-Scholes[1] s'impose pour déterminer les prix d'options sur des sous-jacents de type action (puis d'autres ensuite). Il suppose une volatilité constante entre la date de calcul et la date de maturité de l'option. Cette hypothèse (parmi bien d'autres) permet d'obtenir une formule fermée d'évaluation pour les options standards européennes (c'est-à-dire call ou put européens), ainsi que le portefeuille de réplication de l'option. C'est d'ailleurs ce portefeuille de réplication qui a fait le succès de la formule de Black-Scholes : on pouvait désormais vendre ces options en sachant mettre en place une stratégie neutralisant le risque de cet engagement.

Des écarts avec ce modèle sont proposés, entre autres, par Merton dès 1976 puis avec Jarrow et Rudd en 1982. Leurs propositions sont motivées par le caractère non gaussien des rendements des actifs financiers. C'est à partir de 1987, après le lundi noir du 19 octobre, que les opérateurs se résoudrons à ne plus utiliser une volatilité constante pour tous les strikes d'un même sous-jacent dans l'évaluation des options.

1. Une formule fermée sinon rien

Le comportement des actifs boursiers avait, bien avant le krach de 1987, intrigué les chercheurs qui souhaitaient s'éloigner du caractère gaussien de la distribution de probabilité des rendements qui n'était pas observé sur les données réelles. Nous rappelons ici deux méthodes d'évaluation, sans trop de détails, qui sont compatibles avec l'observation d'un smile de la volatilité (voir le chapitre 3) sur le marché.

1. Modèle de diffusion à sauts de Merton

Ce modèle est un modèle à diffusion mixte du sous-jacent avec un processus de Wiener standard accompagné d'un processus de Poisson indépendant qui génère des sauts.

Nous notons $c = BS(S, K, T, \sigma, r)$ le prix Black-Scholes de l'option d'achat européenne avec prix d'exercice K, volatilité σ, taux d'intérêt continu r. Le sous-jacent S tient le compte des dividendes éventuels.

Nous notons λ la vitesse à laquelle les sauts se produisent, k la taille moyenne du saut qui est mesurée par une augmentation proportionnelle du cours de l'action. Ainsi, le taux de croissance moyen des sauts est λk. La volatilité dans la distribution des sauts est notée δ. Le prix s'écrit :

---

[1] Ce modèle est le plus célèbre, mais n'est pas le premier à avoir été utilisé. Les options étaient déjà négociées il y a plus de deux siècles. Le lecteur curieux pourra consulter les travaux de Louis Bachelier, disponibles sur Gallica : https://gallica.bnf.fr.

$$C_M = \sum_{n=0}^{\infty} \frac{e^{-\lambda(1+k)T}[\lambda(1+k)T]^n}{n!} BS(S,K,T,\sigma_n,r_n)$$

avec

$$r_n = r - \lambda k + \frac{n\ln(1+k)}{T}$$
$$\sigma_n^2 = \sigma^2 + \frac{n}{T}\delta^2$$

En fixant un nombre n assez grand, $n = 30$ par exemple, nous obtenons une formule fermée. D'autres approches sont possibles, comme stopper la somme dès que la variation de prix est inférieure à un seuil.

2. Formule de Jarrow et Rudd

La méthode, introduite par Jarrow et Rudd en 1982 [11], consiste à approcher la distribution réelle du sous-jacent en introduisant deux paramètres (ou plus) qui mesurent l'aplatissement et l'excès d'asymétrie par rapport à la loi log-normale. Autrement dit la loi de probabilité est enrichie afin de refléter la propension des rendements à être positifs (l'asymétrie) et à subir des chocs importants (queue de distribution plus épaisse qu'une loi normale). Cela suppose de connaître les moments de la loi (au moins quatre ici) pour appliquer l'expansion d'Edgeworth.

Le prix d'une option s'écrit $C_{JR} = BS(S,K,T,\sigma,r) + \lambda_1 Q_3 + \lambda_2 Q_4 + \cdots$

avec

$$Q_i = e^{-rT}\frac{(-1)^i}{i!}\left[S_0 e^{rT}\left(e^{\sigma^2 T} - 1\right)^{1/2}\right]^i \frac{d^{i-2}a}{dS^{i-2}}(K)$$

et $a(K) = \frac{e^{-d_2^2/2}}{K\sigma\sqrt{2\pi T}}$ où $d_2 = \frac{\ln(S/K)+(r-\sigma^2/2)T}{\sigma\sqrt{T}}$.

Enfin, on note

$$Q_i = e^{-rT}\frac{(-1)^i}{i!}\left[S_0 e^{rT}\left(e^{\sigma^2 T} - 1\right)^{1/2}\right]^i \frac{d^{i-2}a}{dS^{i-2}}(K)$$

Les termes Q_3 et Q_4 caractérisent la sensibilité de l'ajustement de la véritable fonction de distribution de l'actif sous-jacent à la distribution log-normale.

Le prix de Jarrow et Rudd est donné par

$$C_{JR} = BS(S,K,T,\sigma,r) + \lambda_1 Q_3 + \lambda_2 Q_4 + \lambda_3 Q_5 + \cdots$$

où λ_1, λ_2 et λ_3 sont des coefficients d'ajustement qui dépendent des moments.

3. Illustrations

Nous calculons à partir de 21 prix d'options de marché, le smile de marché à partir de la formule de Black-Scholes pour 21 strikes.

Pour les deux modèles utilisés, nous en déterminons leurs paramètres à partir des prix de marché. Cet étalonnage se fait ici par minimisation de la distance entre le prix de marché et le prix par chacun des modèles, avant d'en déduire la volatilité implicite pour chaque niveau de strike. Les volatilités implicites sont calculées par bissection.

Le graphique ci-dessous montre que ces formules peuvent reproduire un smile.

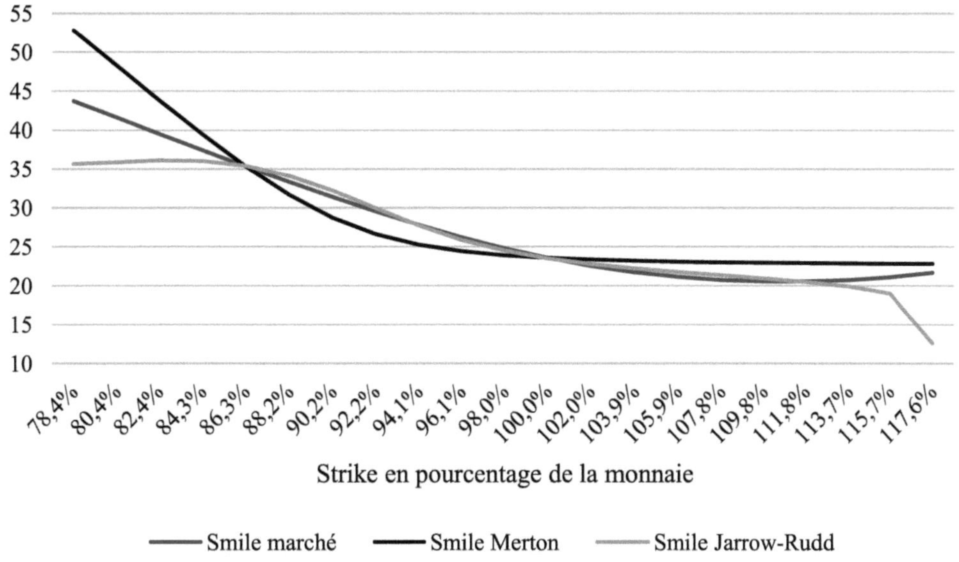

Figure 5-1 Smile à partir des modèles de Merton et de Jarrow-Rudd

Le modèle de Merton utilise 4 paramètres : vitesse, taille et volatilité des sauts, ainsi que la volatilité initiale. Ce modèle reste assez éloigné du smile de marché. En particulier, on voit que la volatilité « pivot » qui présente la plus forte courbure n'est pas bien identifiée.

Le modèle de Jarrow et Rudd utilise 4 paramètres également : 3 coefficients d'ajustement (ici) et la volatilité du sous-jacent. Ce modèle permet de reproduire de manière assez fidèle le smile de marché, à l'exception des strikes les plus éloignés de la monnaie.

Bien que ces modèles n'aient plus d'utilité pratique en l'état, notons qu'à partir de 4 paramètres seulement (dont une volatilité constante), au lieu de 21, ils permettent de représenter (de manière imparfaite) un smile qui caractérise la non-normalité des rendements des actifs financiers. Rappelons qu'à l'époque de la création de ces formules, le smile n'existait pas ! On pressent qu'en utilisant des modèles un peu plus riches, il est possible de capturer le smile de manière satisfaisante. Cette idée sera reprise un peu plus loin, en modélisant directement le smile.

2. Généraliser le modèle de Black-Scholes

1. Volatilité stochastique

Jusqu'en 1987, la volatilité est quasi constante, quel que soit le prix d'exercice des contrats optionnels négociés. Le 19 octobre 1987, la forte chute des indices action met en cause cette hypothèse : les vendeurs d'options de vente perdent beaucoup d'argent car ce krach de marché n'est pas pris en compte dans leur modèle de valorisation qui n'inclut que des conditions normales de marché et non de telles conditions extrêmes.

Pour prendre en compte cette possibilité de chocs sur les prix, les puts sont désormais vendus par les market-makers plus chers, avec une prime de risque, pour leur permettre de répliquer le prix de l'option en cas d'événements extrêmes. Cette hausse des prix d'options nécessite, par bijection quand on applique la formule de Black-Scholes, une hausse de la volatilité utilisée dans la valorisation. Cette pratique a donné naissance au smile de volatilité.

La tâche des opérateurs de marché s'est donc terriblement complexifiée. Auparavant, une seule valeur du paramètre de volatilité pour un sous-jacent donnée était à fixer. Maintenant, c'est une valeur par contrat sur ce sous-jacent qu'il faut déterminer pour capturer le smile, dont la forme est désormais caractéristique des marchés optionnels sur les sous-jacents de type action.

L'existence de chocs sur le prix bouscule le modèle initial, qui implique, puisque le prix de l'actif suit une marche aléatoire à temps continu, que la probabilité d'une forte variation du prix sur un temps très court soit particulièrement faible. Partant du modèle de diffusion du prix du sous-jacent, il a donc fallu considérer que la volatilité du modèle ne devait être ni supposée constante dans le temps ni même connue de façon certaine. Ainsi, ce sont développés des modèles continus à volatilité aléatoire.

Les premiers modèles ont été proposés dès 1987 par Hull et White [12]. En 1993, Heston [13] propose de choisir le modèle à deux dimensions ci-dessous :

$$\frac{dS_t}{S_t} = \mu\, dt + \sqrt{V_t} dW_t$$

$$dV_t = a(b - V_t)dt + \xi \sqrt{V_t} S_t dB_t$$

Ce modèle est dit à volatilité stochastique. V est la variance, μ le drift (ou l'espérance de rendement) de S, W et B deux mouvements browniens de corrélation donnée ρ. Les paramètres a, b, ξ et α sont constants. Le drift de V indique ici un retour au niveau b, variance de long terme, grâce à une force de rappel, de taux a. Ce modèle propose une formule explicite et permet de reproduire une surface de volatilité approchant celle observée sur le marché. Cependant, même en complexifiant le modèle, avec l'ajouts de sauts par exemple, les courbes de volatilité obtenues des échéances les plus courtes ne sont pas adaptées aux observations de marché.

Par la suite, de nombreux autres modèles ont été développés, toujours sur le même principe, c'est-à-dire modéliser l'évolution de la volatilité par une équation différentielle stochastique (EDS) dont les coefficients sont bien choisis (notamment à cause de contraintes techniques pour pouvoir affirmer l'existence d'une solution de ces

EDS). En général, dans ces modèles, il n'existe pas de formule d'évaluation fermée. De plus, la détermination des paramètres du modèle peut poser des difficultés (unicité de la solution par exemple). Tout ceci a pu freiner leur acception par les opérateurs sur options standardisées. D'autres cadres se sont développés par la suite, où la volatilité n'est plus décrite par une EDS.

2. Volatilité locale

La modélisation de la volatilité comme un processus aléatoire a permis de fournir une théorie expliquant pourquoi les options avec différents strikes et maturités ont des volatilités implicites Black-Scholes différentes : les phénomènes de smile et structure à terme y sont reproductibles. Cependant, les modèles à volatilité stochastique sont extrêmement difficiles à calibrer avec les données obtenues à partir des prix des options standardisées. Pour évaluer les options complexes, non cotées, en intégrant l'information des options cotées, on a recherché d'autres directions, compatibles avec l'existence du smile de volatilité.

Le point important est venu de Bruno Dupire d'une part et de Derman et Kani d'autre part, qui ont remarqué (sous la probabilité risque neutre) qu'il existe un unique processus de diffusion (représentant la dynamique du sous-jacent) compatible avec les prix des options européennes. C'est cet unique coefficient de diffusion $\sigma_L(S,t)$ obtenu que l'on appelle (fonction de) volatilité locale.

Les modèles à volatilité locale ne représentent pas une classe à part de modèles à volatilité aléatoire, mais une simplification qui permet d'évaluer les options non cotées de façon consistante avec les prix des options européennes cotées.

Lorsque ce coefficient de diffusion est identifié, il contient toute l'information des prix connus d'options européennes liquides. Le processus de diffusion du sous-jacent peut alors être utilisé pour évaluer des options complexes ou exotiques sans craindre de créer une opportunité d'arbitrage. Dans un cadre binomial, il s'agit d'extraire un unique arbre binomial (implicite) pour le sous-jacent correspondant à la marche aléatoire « réelle » du sous-jacent. Le but reste toujours de pouvoir évaluer des options standardisées non liquides, des options américaines ou des options exotiques de manière cohérente entre elles.

À son désavantage, la volatilité locale ne s'adapte qu'aux conditions actuelles et n'intègre aucune dynamique des conditions de marché. Elle a donc peu d'intérêt pour la suite de l'ouvrage qui se concentre sur les options standards listées et l'activité de market-making. Le lecteur intéressé pourra consulter l'ouvrage de Gatheral [14], ou les classiques articles de Dupire [15] et Derman et Kani [16].

Chapitre 6 – Le modèle à volatilité incertaine

Les modèles précédents supposent une formulation explicite de la modélisation aléatoire de la volatilité de l'actif sous-jacent. Ces modèles sont extrêmement variés et il est souvent nécessaire d'en choisir un selon les caractéristiques du sous-jacent et/ou du type de contrats. Lorsque que la volatilité est décrite par une équation différentielle stochastique (EDS), cela entraîne, bien que ce ne soit pas, en général, précisé, qu'elle prenne ses valeurs dans un intervalle borné (dont les bornes ne sont pas toujours estimées). Une approche s'est édifiée en choisissant explicitement un intervalle précis d'évolution pour la volatilité sans imposer autre chose que d'être un processus aléatoire. Les bornes minimum et maximum sont respectivement notées $\underline{\sigma}$ et $\overline{\sigma}$ et sont supposées connues. Elles définissent un scénario de volatilité.

Les premiers développements ont été introduits par Avellaneda, Levy et Paras [17] en 1995 qui ont baptisé cette approche the Uncertain Volatility Model (UVM) dont la traduction donne le titre à ce chapitre. Ces travaux ont été prolongés par Avellaneda et Paras [18]. Cette présentation suit Leblanc [19].

1. Principe et théorie du modèle

En suivant les premiers auteurs, considérons l'évaluation d'une option européenne lorsque la volatilité est inconnue mais évolue de façon aléatoire dans un intervalle fermé borné $I = [\underline{\sigma}, \overline{\sigma}]$ dont les bornes sont connues (avec $\underline{\sigma} > 0$ et $\overline{\sigma} < +\infty$).

Avellaneda et al. conjecturent d'abord que le plus petit prix de vente, en absence d'opportunité d'arbitrage (AOA), doit être

$$\sup_{P \in \mathcal{P}_I} E^P[e^{-rt}\varphi(S_t)] \tag{6.1}$$

où r est le taux d'intérêt sans risque constant, $\mathcal{P}_I$ l'ensemble des probabilités neutres au risque (qui dépend de l'intervalle I). $\varphi(S_t)$ est le payoff de l'option européenne de maturité $t > 0$. On écrit E^P pour désigner l'espérance sous la probabilité $P \in \mathcal{P}_I$.

La quantité (6.1) devrait être le prix permettant de couvrir l'option vendue quel que soit le scénario de volatilité satisfaisant l'hypothèse d'évolution dans I.

Dans le cas où le payoff est suffisamment régulier, ils montrent que cette quantité est également solution de l'équation aux dérivées partielles (EDP) de Hamilton-Jacobi-Bellman (HJB) appelée encore EDP de Black-Scholes-Barenblatt (BSB) :

$$r\left(x\frac{\partial u}{\partial x} - u\right) + \sup_{\alpha \in [\underline{\sigma}, \overline{\sigma}]} \frac{1}{2}\alpha^2 x^2 \frac{\partial^2 u}{\partial x^2} = -\frac{\partial u}{\partial s} \tag{6.2}$$

où la condition terminale est $u(t, x) = \varphi(x)$. Appliquant la formule d'Itô, ils montrent alors que (6.1) est bien le plus petit prix parmi toutes les sur-stratégies qui couvrent l'option. Enfin, les auteurs donnent un algorithme permettant de résoudre l'EDP (6.2) à l'aide d'un arbre trinomial.

1. Prix dans ce modèle

Le sous-jacent suit, sous toutes les probabilités risque neutre P,

$$\frac{dS_t}{S_t} = rdt + \sigma_t dW_t$$

avec le coefficient de diffusion vérifiant :

$$\sigma_t \in [\underline{\sigma}, \overline{\sigma}] \tag{6.3}$$

On veut calculer la valeur d'un produit délivrant les payoffs $F_1(S_{t_1}), \ldots, F_n(S_{t_N})$ aux instants $t_1 < \ldots < t_N$. À l'instant $t < t_1$, la valeur correspondant au pire scénario de volatilité est donnée par (le prix de vente) :

$$V^+(t, S_t) = \sup_P E^P\left[\sum_{j=1}^{N} e^{-r(t_j - t)} F_j\left(S_{t_j}\right)\right]$$

De même la valeur correspondant au meilleur scénario est (prix d'achat)

$$V^-(t, S_t) = \inf_P E^P\left[\sum_{j=1}^{N} e^{-r(t_j - t)} F_j\left(S_{t_j}\right)\right]$$

2. Calcul de ces prix

On peut montrer que dans le cas $N = 1, t_1 = T, F_1 = F$, les prix sont donnés en résolvant :

$$\frac{\partial V}{\partial t} + r\left(S\frac{\partial V}{\partial S} - V\right) + \frac{1}{2}\sigma^2\left[\frac{\partial^2 V}{\partial S^2}\right] S^2 \frac{\partial^2 V}{\partial S^2} = 0$$

avec la condition terminale :

$$V(t, S) = F(S)$$

où V^+ est obtenu avec la fonction :

$$\sigma^2\left[\frac{\partial^2 V}{\partial S^2}\right] = \begin{cases} (\overline{\sigma})^2 & \text{si} \dfrac{\partial^2 V}{\partial S^2} \geq 0 \\ (\underline{\sigma})^2 & \text{si} \dfrac{\partial^2 V}{\partial S^2} < 0 \end{cases}$$

et V^- avec

$$\sigma^2\left[\frac{\partial^2 V}{\partial S^2}\right] = \begin{cases} (\overline{\sigma})^2 & \text{si} \dfrac{\partial^2 V}{\partial S^2} \leq 0 \\ (\underline{\sigma})^2 & \text{si} \dfrac{\partial^2 V}{\partial S^2} > 0 \end{cases}$$

Dans le cas général d'un payoff multiple, on résout l'EDP pour $t \in]t_{N-1}, t_N]$ et la condition terminale $V(t_N, S) = F_N(S)$. À l'instant t_{N-1}, la fonction valeur est prise égale à :

$$V(t_{N-1}, S) = V(S, t_{N-1}^{+}) + F_{N-1}(S)$$

où $V(S, t_{N-1}^{+})$ est la valeur juste après le versement de $F_{N-1}(S_{t_{N-1}})$. On résout ainsi l'EDP jusqu'en t_{N-2} et ainsi de suite.

3. Extension : le Lagrangien

Dans le contexte précédent, on suppose que l'on souhaite couvrir sa position avec un portefeuille de M options sur le sous-jacent, de payoffs :

$$G_1(S_{\tau_1}), \dots, G_1(S_{\tau_M})$$

avec $\tau_1 \leq \dots \leq \tau_M$ leurs maturités et de prix de marché $C_1, \dots, C_M$ (on pourra éventuellement tenir compte de l'écart entre les prix de vente et d'achat d'un contrat, c'est le bid ask spread ou bid offer spread).

La valeur du portefeuille, actualisée en t, de la position $\sum_{j=1}^{N} F_j\left(S_{t_j}\right)$ combinée à la position de couverture $\sum_{i=1}^{M} \lambda_i G_i(S_{\tau_i})$ et additionnée du coût de cette couverture $\sum_{i=1}^{M} \lambda_i C_i$ est alors :

$$V(t, S_t) = \sup_P E^P \left[\sum_{j=1}^{N} e^{-r(t_j - t)} F_j\left(S_{t_j}\right) - \sum_{i=1}^{M} \lambda_i e^{-r(\tau_j - t)} G_i(S_{\tau_i}) \right] + \sum_{i=1}^{M} \lambda_i C_i$$

Cette valeur est optimisée en déterminant

$$\inf_{(\lambda_1, \dots, \lambda_M)} V(t, S_t; \lambda_1, \dots, \lambda_M)$$

Ceci nous donne le plus petit prix de vente acceptable de ce produit pour notre scénario de volatilité. Une fois que la position est prise, les ratios de couverture n'ont pas besoin d'être réajustés. Le problème dual, vu précédemment, nous permettra d'obtenir le plus grand prix d'achat acceptable pour notre scénario de volatilité.

4. Choix des bornes

Une calibration incorrecte peut entraîner de fausses opportunités d'arbitrage quand l'intervalle $[\underline{\sigma}, \overline{\sigma}]$ est trop petit. La prise en compte de la tendance de la volatilité future, des volatilités implicites disponibles, avec éventuellement une bande qui varie dans le temps peut être utile pour éviter une surestimation. Dans le détail, la volatilité de ce modèle est une volatilité locale au sens du chapitre précédent. Comme il existe une relation entre celle-ci et la volatilité implicite, Avellaneda précise que supposer que la volatilité locale est comprise entre deux bornes est cohérent avec le fait de supposer que la volatilité implicite évolue entre ces deux mêmes bornes. Ainsi, supposer un intervalle pour la volatilité instantanée est essentiellement équivalent à supposer que les volatilités implicites des options négociées resteront à l'intérieur de bornes prédéterminées sur toute la période envisagée. Si $\underline{\sigma}$ et $\overline{\sigma}$ sont constantes, la condition (4.2) est cohérente avec

$$\underline{\sigma} \leq \sigma_{impl}(t,T) \leq \overline{\sigma}$$

où $\sigma_{impl}(t,T)$ est la volatilité implicite à l'instant t d'une option de maturité T. Si les bornes dépendent du temps, c'est-à-dire $\underline{\sigma} = \underline{\sigma}(t)$ et $\overline{\sigma} = \overline{\sigma}(t)$, la condition (4.2) est équivalente à supposer que

$$\frac{1}{T-t}\int_t^T \underline{\sigma}^2(s)ds \leq \sigma_{impl}^2(t,T) \leq \frac{1}{T-t}\int_t^T \overline{\sigma}^2(s)ds$$

pour tout $0 \leq t < T$. Dans les marchés où la volatilité implicite varie significativement avec la maturité des options, la calibration de l'intervalle de volatilité utilisera des volatilités implicites forward : si un l'instant t on se donne les volatilités de deux options de même moneyness, de maturités $T_1 < T_2$, on en déduit une volatilité implicite forward entre T_1 et T_2 $\sigma_{impl}(T_1,T_2)$ à partir de la relation :

$$(T_2 - t)\sigma_{impl}^2(t,T_2) = (T_1 - t)\sigma_{impl}^2(t,T_1) + (T_2 - T_1)\sigma_{impl}^2(T_1,T_2)$$

On peut donc aisément intégrer la structure à terme et ses propres anticipations pour déterminer le scénario de volatilité adéquate.

2. Utilisation pour la capture du smile

Rappelons que nous cherchons, dans cette partie II, à capturer le smile de volatilité implicite. Pour cela, nous allons utiliser l'approche du modèle à volatilité incertaine dans un cadre simplifié : déterminer le prix de vente d'un call européen de maturité T, de strike K, connaissant le prix d'un call européen de même maturité de strike L. En effet, à ce prix obtenu, nous pourrons extraire la volatilité implicite qu'il a capturée.

La volatilité instantanée du sous-jacent est inconnue mais est supposée appartenir à l'intervalle déterministe $[\underline{\sigma}, \overline{\sigma}]$. On va donc résoudre un problème d'optimisation sous contraintes.

Soit $(S_t)_{t\geq 0}$ le processus de prix du sous-jacent de deux calls de même maturité T de strike K et L où $L > K$. On note r le taux d'intérêt, supposé déterministe et constant. Le processus de l'actif sous-jacent est supposé suivre l'EDS précédente :

$$\frac{dS_t}{S_t} = rdt + \sigma_t dW_t$$

sur un espace de probabilité que l'on ne précise pas, où σ_t est le processus progressif de volatilité instantanée du prix du spot et $(W_t)_{t\geq 0}$ un mouvement brownien.

On suppose que $\underline{\sigma} \leq \sigma_t \leq \overline{\sigma}$ pour $0 \leq t \leq T$. $\underline{\sigma}$ et $\overline{\sigma}$ sont constants mais la généralisation à deux fonctions déteministes du spot et du temps est possible comme on l'a vu. Le prix de vente d'une option de payoff $\varphi_K(S_T^\sigma)$ s'écrit donc :

$$\sup_{\underline{\sigma}\leq\sigma\leq\overline{\sigma}} E_t\left[e^{-r(T-t)}\varphi_K(S_T^\sigma)\right]$$

sous la contrainte de prix connu :

$$E_t\left[e^{-r(T-t)}\varphi_L(S_T^\sigma)\right] = C_L$$

où σ rappelle le processus de volatilité intantanée σ_t, E_t représente l'espérance conditionnelle sachant toute l'information jusqu'en t, $\varphi_X(S) = (S - X)^+$ est le payoff d'un call de strike X, sur un sous-jacent de prix S, C_L est le prix connu du call de strike $L \geq K$ (le cas d'égalité est trivial), à l'instant t, correspondant donc à une volatilité implicite $\tilde{\sigma}$ en inversant la formule de Black-Scholes. La contrainte signifie que, connaissant le prix d'un call C_L, on désire le faire « coïncider » avec le prix Black-Scholes (qui est le prix martingale évalué sous une mesure risque neutre) correspondant. La volatilité $\tilde{\sigma}$ appartient donc à l'intervalle $[\underline{\sigma}, \overline{\sigma}]$.

Pour déterminer le prix cherché selon la contrainte, on va déterminer le coût de sa couverture à l'aide du prix du call de strike L. On suppose donc que, à l'instant t, l'agent vendant le call de strike K achète λ calls de strike L dont la valeur de marché est λC_L. La valeur actualisée du résultat des transactions en T est, pour l'agent, puisqu'il détient alors λ calls de strike L qu'il vend, et qu'il paye $\varphi_K(S_T^\sigma)$ à expiration :

$$e^{-r(T-t)}\varphi_K(S_T^\sigma) - \lambda e^{-r(T-t)}\varphi_L(S_T^\sigma)$$

On regarde cette quantité comme le payoff (actualisé) d'un produit dérivé sur l'actif S. Le coût total maximal en t de cette couverture est donc le prix de vente de ce produit dérivé additionné du prix de la couverture soit λC_L. On note ce coût $V(S_t, t, \lambda)$:

$$V(S_t, t, \lambda) = \sup_{\underline{\sigma} \leq \sigma \leq \overline{\sigma}} E_t\left[e^{-r(T-t)}\varphi_K(S_T^\sigma) - \lambda e^{-r(T-t)}\varphi_L(S_T^\sigma)\right] + \lambda C_L$$

On optimise le coût de la couverture en minimisant cette quantité en λ (cette minimisation évite les arbitrages évidents si l'on considérait un coût de couverture plus élevé). On obtient alors le prix de la plus petite stratégie de couverture (pour un tel type de stratégie), donc la prime maximum du call de strike K ainsi que la quantité λ d'options de strike L à détenir pour se couvrir.

1. Etude de la fonction coût

Notons

$$W(S_t, t, \lambda) = \sup_{\underline{\sigma} \leq \sigma \leq \overline{\sigma}} E_t\left[e^{-r(T-t)}\varphi_K(S_T^\sigma) - \lambda e^{-r(T-t)}\varphi_L(S_T^\sigma)\right]$$

La fonction $\lambda \to W(S_t, t, \lambda)$ est convexe car c'est un supremum de fonctions affines en λ, la fonction coût $\lambda \to V(S_t, t, \lambda)$ est donc également convexe. On note $BS(S_t, t, K, \sigma) = E_t\left[e^{-r(T-t)}\varphi_K(S_T^\sigma)\right]$, où cette fois σ est la volatilité constante dans le modèle de Black-Scholes.

a. Cas $\lambda \leq 0$

Dans ce cas, l'expression $e^{-r(T-t)}\varphi_K(S_T^\sigma) - \lambda e^{-r(T-t)}\varphi_L(S_T^\sigma)$ est convexe en S. Comme on peut montrer (voir El Karoui et al. [20]) que le supremum cherché est atteint pour $\sigma_t = \overline{\sigma}$, pour tout $t \geq 0$. Donc, pour $\lambda \leq 0$,

$$V(S_t, t, \lambda) = BS(S_t, t, K, \overline{\sigma}) - \lambda\,(BS(S_t, t, L, \overline{\sigma}) - C_L)$$

Comme $C_L = BS(S_t, t, L, \tilde{\sigma})$ et $\underline{\sigma} \leq \tilde{\sigma} \leq \overline{\sigma}$, on en déduit $BS(S_t, t, L, \overline{\sigma}) - C_L \geq 0$. Le minimum de la fonction V est donc atteint pour $\lambda = 0$ et vaut $BS(S_t, t, K, \overline{\sigma})$.

b. Cas $\lambda \geq 0$

Dans ce cas, $\lambda \to W(S_t, t, \lambda)$ est décroissante, tend vers $-\infty$ quand λ tend vers $+\infty$ et admet une branche parabolique de pente $-BS(S_t, t, L, \underline{\sigma})$. Comme $C_L \geq BS(S_t, t, L, \underline{\sigma})$, voir encore El Karoui et al. [20], la fonction $\lambda \to V(S_t, t, \lambda)$ tend vers $+\infty$ quand λ tend vers $+\infty$. Étant convexe, cette fonction admet donc un minimum unique en λ^*. Ces résultats sont suffisants pour l'implémentation numérique. En pratique, pour la minimisation, nous avons besoin de bornes sur la variable λ. L'étude précédente nous montre que l'on peut toujours choisir $\lambda \geq 0$. Le minimum de la fonction V est donc toujours inférieur ou égal à $BS(S_t, t, K, \overline{\sigma})$. Puisque V est convexe (et continue tendant vers l'infini à l'infini), on peut trouver (en pratique par un calcul numérique) une valeur finie $\hat{\lambda} \geq 0$ qui vérifie :

$$V(S_t, t, \hat{\lambda}) = BS(S_t, t, K, \overline{\sigma})$$

On sait donc que le minimum cherché est atteint pour $\lambda^* \in [0, \hat{\lambda}]$, avec $0 \leq \hat{\lambda} < +\infty$.

Enfin, prenons le cas $K = L$. La minimisation de $V(S_t, t, \lambda)$ se fait pour $\lambda^* = 1$ et $V(S_t, t, 1) = C_L = BS(S_t, t, L, \tilde{\sigma})$. Ainsi, $\hat{\lambda} \geq 1$.

c. L'EDP non linéaire pour la résolution

Nous savons que $\sup_{\underline{\sigma} \leq \sigma \leq \overline{\sigma}} E_t[e^{-\rho(T-t)} \varphi_K(S_T^\sigma)]$, notée $C(S_t, t)$, est solution de l'EDP non linéaire :

$$\frac{\partial C(S,t)}{\partial t} + r\left(S\frac{\partial C(S,t)}{\partial S} - C(S,t)\right) + \frac{1}{2}\sigma^2[\Gamma]S^2\frac{\partial^2 C(S,t)}{\partial S^2} = 0$$

avec la condition terminale $C(S, T) = \varphi_K(S)$, où

$$\Gamma = \frac{\partial^2 C(S,t)}{\partial S^2}$$

et

$$\sigma[\Gamma] = \begin{cases} \overline{\sigma} & si \quad \Gamma \geq 0 \\ \underline{\sigma} & si \quad \Gamma < 0 \end{cases}$$

On calcule donc $W(S, t, \lambda)$ grâce à cette EDP avec la condition terminale

$$W(S, T, \lambda) = \varphi_K(S) - \lambda \varphi_L(S)$$

Le problème symétrique s'écrit

$$\inf_{\underline{\sigma} \leq \sigma \leq \overline{\sigma}} E_t[e^{-\rho(T-t)} \varphi_K(S_T^\sigma)]$$

sous la contrainte

$$E_t[e^{-\rho(T-t)} \varphi_L(S_T^\sigma)] = C_L$$

Ce problème devient :

$$\max_{\lambda} \inf_{\underline{\sigma} \leq \sigma \leq \overline{\sigma}} E_t[e^{-\rho(T-t)} \varphi_K(S_T^\sigma) - \lambda e^{-\rho(T-t)} \varphi_L(S_T^\sigma)] + \lambda C_L$$

On obtient ainsi le prix du call de strike K en maximisant une fonction concave. L'EDP utilisée est identique à ceci près : on définit cette fois

$$\sigma[\Gamma] = \begin{cases} \overline{\sigma} & si \quad \Gamma \leq 0 \\ \underline{\sigma} & si \quad \Gamma > 0 \end{cases}$$

Ce prix est le prix maximum auquel acheter ce contrat sous la condition de prix observé pour le contrat de strike L.

d. Illustration numérique

On considère des calls sur un indice action de maturité le 4 avril de l'année $N+1$. Le 25 août de l'année N, l'indice est à 4629,23 points et les prix offerts (donc haut de fourchette), en euros sont :

Strike	Prix offert	Volatilité implicite
4000	1,72	31,54%
4200	1,42	30,03%
4400	1,13	28,09%
4600	0,86	26,05%
4800	0,84	24,77%

La maturité est de 223 jours. On prend pour le taux d'intérêt à 7 mois, soit 3,067% qui vaut en équivalent continu 0,03021. L'implémentation numérique est celle décrite par Avellaneda et al. pour la construction de l'arbre trinomial et la résolution de l'EDP non linéaire. La minimisation est faite par une dichotomie simple utilisant fortement la convexité de la fonction à minimiser V. Supposons que l'on prenne comme option de référence le call de strike 4800. On va déterminer les prix de vente des 4 autres calls. On choisit arbitrairement $\underline{\sigma} = 20\%$ et $\overline{\sigma} = 40\%$. L'intervalle reflète à la fois l'information de marché et ce que l'opérateur anticipe de son évolution. On obtient les valeurs suivantes pour les prix des 4 autres options :

Strike	Prix offert	Lambda	Volatilité implicite
4000	1,725784	0,756866	31,78%
4200	1,427476	0,869858	30,31%
4400	1,145784	0,955033	28,67%
4600	0,882785	1,005423	26,84%

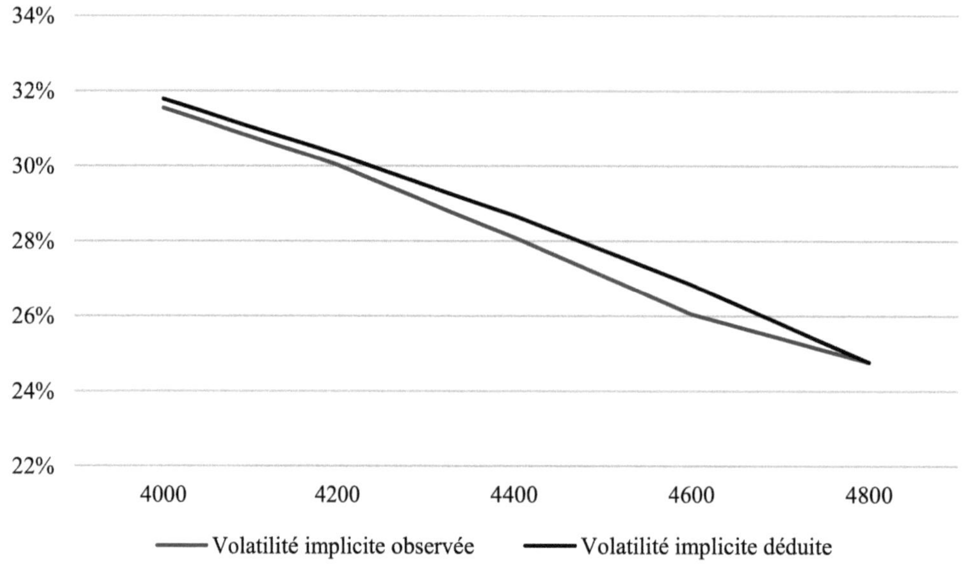

Figure 6-1 Comparaison des volatilités implicites réelles et par le modèle UVM

Remarquons que le prix obtenu par notre calcul n'est jamais inférieur au prix de marché. On voit sur cet exemple que l'on est capable d'obtenir relativement précisément (erreur inférieure à 3%) les prix de marché des quatre calls en calibrant le problème initial avec un seul autre call, alors que l'on a autorisé une bande de volatilité de largeur 20%. Cela illustre la capacité du modèle à utiliser un intervalle imprécis tout en fournissant un résultat robuste à cette imprécision. Cette bande d'incertitude peut d'ailleurs faire l'objet elle-même d'une modélisation pour déterminer un intervalle de confiance pour la volatilité. Dans cet exemple, un unique prix d'option (ou une volatilité implicite), un minorant et un majorant pour la volatilité ont suffi pour récréer un smile de volatilité implicite cohérent avec les observations de marché. La précision sera améliorée si l'on enrichit le problème initial avec plusieurs prix observés.

Cette illustration du smile de volatilité est un détournement de l'objectif initial. Ce modèle est utile dans des situations où il est délicat de donner un prix. C'est par exemple le cas lorsqu'il n'y a pas de marché liquide d'options standardisées (on dit aussi vanilles) ou pour des options complexes n'ayant pas de marché coté ou encore lorsque les tailles de négociations sont tellement importantes qu'elles influencent le prix. Le modèle à volatilité incertaine fonctionne également de manière multidimensionnelle. Tous les paramètres intervenant dans l'évaluation d'une option peuvent être soumis à l'incertitude, c'est-à-dire supposés aléatoires évoluant dans un intervalle fixé. C'est par exemple le cas des taux d'intérêt, ou les dividendes (Wilmott [21]).

Chapitre 7 – Capturer la dynamique du smile

Le market-maker, ou teneur de marché, est un acteur essentiel des marchés financiers. Auprès des bourses d'échange, il s'engage à animer les négociations d'un instrument financier, c'est-à-dire être présent dans le carnet d'ordre à l'achat et à la vente pour une certaine quantité d'instruments, on parle aussi de taille, fixée par contrat. Il est donc contrepartie en dernier ressort et ne cherche pas à s'exposer sur la direction du prix de l'instrument qu'il anime. Il doit donc veiller à équilibrer ses positions, et gérer ce risque pour lequel il perçoit une rémunération de la part de la bourse. En général, plusieurs market-makers animent un même carnet d'ordre et se répartissent ainsi les risques. Leur profit vient également de l'écart qu'ils proposent entre le prix de vente supérieur au prix d'achat. Ils bénéficient d'un accès privilégié au marché avec des coûts de transactions faibles. Grâce à une gestion des risques adéquate, les market-makers peuvent engager de gros volumes d'échange. Ils assurent ainsi la fluidité des échanges et leur mise en concurrence permet de limiter l'écart (appelé aussi fourchette ou spread) entre les meilleurs prix à l'achat et à la vente. Si ce métier est aussi presque vieux que la bourse elle-même, il est aujourd'hui très automatisé afin de générer un volume maximum d'opérations sur une durée donnée.

Dans le cas des marchés optionnels, les market-makers appliquent une gestion très technique, on l'abordera dans la partie III, qui nécessite l'accès au marché de prêt et emprunt de titres. Lorsque le market-maker doit vendre un titre qu'il ne possède pas, il l'emprunte auprès d'un acteur qui le possède tout en s'engageant à réaliser l'opération inverse à un terme fixé à l'avance. Pour réaliser cette opération, on parle aussi d'accord de pension livrée, il dépose un montant en numéraire ou des titres en garantie et paiera des intérêts, à un taux de marché, le taux repo (pour « repurchase agreements »), qui sera d'autant plus important que la liquidité du titre est faible et que le titre est demandé par les intervenants. Il y a donc échange de titres et en général transfert des droits attachés pendant la période (pour une action, le droit au dividende ou le droit de vote, à l'assemblée générale des actionnaires). À l'inverse, quand le market-maker détient des titres, il pourra les prêter pour bénéficier d'une rémunération supplémentaire. Les conditions de financement sur ce marché de prêt-emprunt de titres vont donc se refléter dans les prix des contrats optionnels animés par le market-maker.

Dans les chapitres précédents, nous avons cherché à reproduire le phénomène de smile de volatilité implicite présent sur le marché. En pratique, le market-maker « fait » le smile avec l'ensemble de ses concurrents. Autrement dit, ses prix vont devoir refléter à tout moment les conditions de marché, qui vont elles-mêmes évoluer en fonction de l'information parvenant de manière continue aux opérateurs. En particulier, cette information s'intègre au marché en impactant le prix des sous-jacents des contrats d'options et leur volatilité implicite. Ainsi, les market-makers ont développé des modèles pour intégrer cette dynamique et obtenir instantanément un nouveau smile de volatilité implicite afin de fournir un prix ajusté de manière instantanée.

1. Réflexions générales

1. L'examen du marché

Le choix d'un modèle de dynamique découle des observations des opérateurs sur le comportement des prix d'options (et donc de la volatilité implicite) en fonction des événements affectant le sous-jacent considéré.

Observons les données quotidiennes de la volatilité implicite d'un contrat sur 229 jours ouvrés, depuis sa première date de cotation jusqu'à son expiration. Ici encore, la volatilité sera exprimée le plus souvent, en cohérence avec l'usage de marché, sans le symbole % (sa valeur dans les outils est bien divisée par 100 : une volatilité de 20 points vaut 20%).

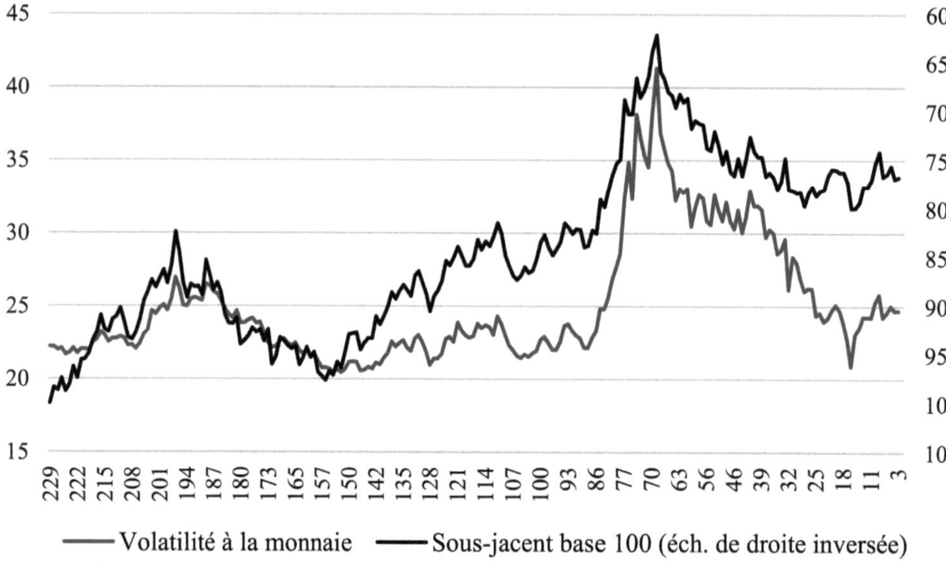

Figure 7-1 Historique de prix d'un sous-jacent action et de sa volatilité implicite

On observe plusieurs phases ou régimes de volatilité implicite, comme on l'a observé avec la volatilité historique. Ici, ce qui nous intéresse c'est d'examiner la synchronisation des mouvements des deux séries. Pour cela l'évolution du sous-jacent est représentée avec une échelle en ordonnée inversée. Les phases de hausse de volatilité collent aux phases de baisses du prix du sous-jacent et la vitesse du mouvement sur le sous-jacent crée de l'amplitude sur le mouvement de volatilité. Pour les phases de baisse de la volatilité, la vitesse du changement d'anticipation sur le sous-jacent impacte également l'amplitude de variation de volatilité.

Même si la synchronisation est grande, la causalité est bien établie, c'est l'information qui impacte le prix du sous-jacent, qui impacte la volatilité implicite. La volatilité implicite pourra donc être modélisée comme une fonction dépendante du prix du sous-jacent. Toutefois, la relation n'est pas linéaire : ici alors que la volatilité est revenue sur des plus bas niveaux environ 20 jours avant l'expiration, niveaux qu'elle avait atteint en début et milieu de période, le sous-jacent s'est stabilisé autour d'une baisse de 20% sur la durée observée. La volatilité implicite exprime ici le phénomène de retour à la moyenne, observé sur la volatilité historique dans la première partie, ce qui n'est pas le cas du prix du sous-jacent.

Dans les tableaux ci-dessous, on synthétise les données du graphique précédent en conditionnant les variations absolues en points de volatilité au mouvement relatif du sous-jacent.

Changement de prix sur 1 journée	Variation de la volatilité
< – 5%	4,7
– 4%	2,1
– 3%	1,4
– 2%	0,9
– 1%	0,4
0%	0,1
1%	– 0,1
2%	– 0,6
3%	– 0,8
4%	– 1,3
5%	– 3,0
> 6%	– 4,4

Changement de prix sur 1 semaine	Variation de la volatilité
< – 5%	3,8
– 4%	2,1
– 3%	1,4
– 2%	1,1
– 1%	0,6
0%	0,3
1%	– 0,1
2%	– 0,3
3%	– 0,7
4%	– 1,0
5%	– 1,2
> 6%	– 1,7

Le choc subit par le prix du sous-jacent est transmis à la volatilité implicite (pour être inclus dans les prix d'options). Les variations de ce tableau montrent la non linéarité des mouvements respectifs du prix du sous-jacent et de sa volatilité. De plus, en observant les deux tableaux construits sur des périodes d'observations différentes, il n'y a aucune linéarité temporelle : une même variation de prix de sous-jacent sur une journée ou une semaine n'entraîne pas une amplitude du même ordre sur la volatilité.

2. Le bon niveau du sous-jacent

Le niveau de prix coté du sous-jacent, le prix instantané ou encore prix spot, ne reflète pas totalement le contexte de marché connu aujourd'hui pour une échéance d'option donnée. En particulier, pour le prix d'une action, vues d'aujourd'hui et jusqu'à une date d'intérêt dans le futur (une maturité d'un contrat optionnel), les conditions de prêt, d'emprunt ou encore le montant d'un dividende à venir avant ou après cette date, vont devoir être pris en compte pour évaluer l'option.

Pour un indice, ce contexte est pris en compte avec les futures sur indice et serviront de guide pour construire un prix théorique pour une action.

3. La bonne volatilité de référence

La courbe de smile observée, en fonction du moneyness ou du strike, selon le choix de l'abscisse de référence, est convexe, et non nécessairement continue puisqu'il n'y a pas de contrat optionnel sur un continuum de strikes. Un niveau évident de volatilité implicite est celui de la volatilité à la monnaie. C'est une notion dynamique qui nous permettra de réfléchir à la bonne distance au strike à utiliser. Un autre niveau de référence possible est celui de convexité maximale du smile. La notion de pente autour de cette volatilité de référence indique naturellement la direction et le sens de déplacement du niveau de référence lorsque le sous-jacent (donc le moneyness ou une autre distance au strike) varie. Il est alors envisageable de construire une courbe autour de ce niveau de référence avec une pente identique à gauche et à droite ou bien avec deux pentes différentes afin de rendre asymétrique le mouvement de cette volatilité de référence en cas de variation à la hausse ou à la baisse du prix du sous-jacent. Cette asymétrie est observée empiriquement d'après le tableau de la section 1 précédente.

4. Les caractéristiques d'un modèle dynamique

Le modèle qui est construit doit avoir plusieurs propriétés pratiques. Il capte le smile observé (pour une maturité fixée) et s'ajuste en fonction de la variation du prix du sous-jacent (qui s'éloigne et se rapproche de certains prix d'exercice). Ses paramètres dépendent directement du sous-jacent dont on cherche à évaluer les options. Enfin, il doit être mis à jour de manière instantanée, dès que nécessaire, ce qui implique une exécution de calcul optimale, donc l'emploi de fonctions mathématiques rapide à exécuter.

En effet, le market-making est une activité très concurrentielle qui nécessite, d'une part, d'agir vite pour ne pas être arbitré, d'autre part, d'être en capacité de gérer simultanément des milliers de contrats optionnels. Toutes ces remarques ont mené les opérateurs à utiliser des fonctions polynomiales pour modéliser la volatilité implicite. Le degré retenu est au moins de l'ordre 2 pour le caractère convexe observé mais plus souvent de degré 3 pour gérer l'asymétrie et les mouvements extrêmes de volatilité lors de stress : plus le degré est élevé plus on dispose de paramètres pour ajuster la forme du smile. À contrario, plus il devient difficile d'ajuster un grand nombre de paramètres, tout est donc question du bon équilibre. De plus, selon les organisations, même si la pratique tend à automatiser le choix des paramètres, l'opérateur peut en choisir lui-même certains, il faut donc que cela reste humainement réalisable. La possibilité de débrancher un automate est importante, en cas de stress de marché en particulier, afin d'éviter un comportement inapproprié dans un nouvel environnement.

Chaque intervenant disposera de son modèle de volatilité propriétaire pour chaque sous-jacent qu'il négocie. L'observation de la volatilité implicite de marché résulte de la confrontation de l'ensemble de ces modèles qui sont ajustés en permanence par l'ensemble des opérateurs. C'est le serpent se mord la queue lorsque le régime de marché reste stable. Dès qu'une information extérieure se présente et modifie le régime de marché, le contexte devient plus incertain, les fourchettes d'achat et de vente s'écartent pour éviter d'être arbitré par un concurrent et les modèles s'ajustent.

Rappelons ici que le market-maker a deux types d'intervenants face à lui : ses concurrents market-makers et les autres types d'opérateurs (gérants, assureurs, entreprises ou particuliers) qui ont un modèle d'affaire différent donc des objectifs de profit assez distincts. En ce sens, ces derniers intervenants sont plutôt des clients du market-maker et ne menacent pas sa part de marché (et son résultat) au contraire de ses concurrents.

Le graphique ci-dessous illustre la variation de courbe de volatilité implicite, le smile, que l'on souhaite pouvoir capturer avec un modèle dynamique. Lorsque le prix du sous-jacent varie, à la hausse sur cet exemple, la volatilité initiale de référence, V_{ref} à l'instant initial établie pour un niveau de sous-jacent de référence, glisse jusqu'au niveau de volatilité $V < V_{ref}$ à l'instant t pour un nouveau niveau de sous-jacent $S > S_{ref}$ (pour cet exemple). L'échéance de la courbe est toujours fixée à une même date alors que le temps restant jusqu'à cette date diminue.

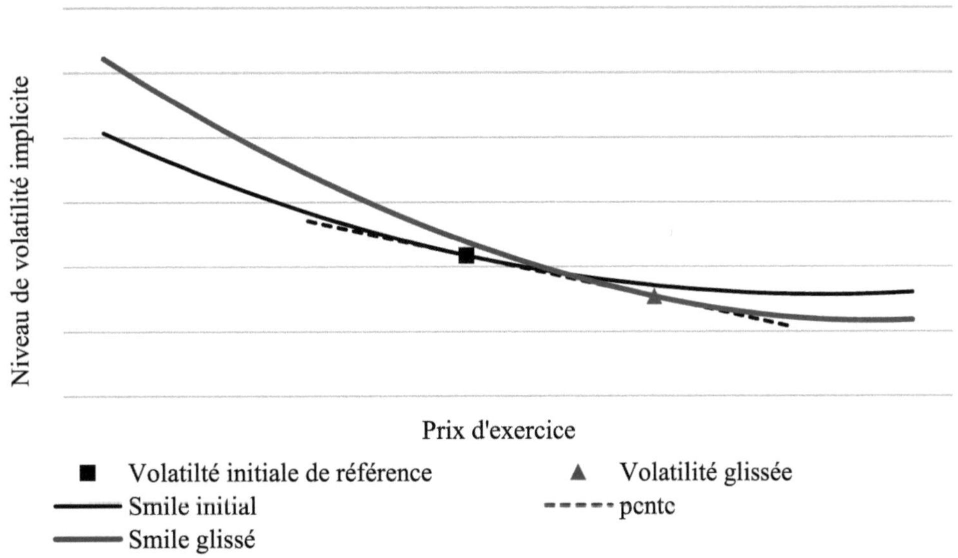

Dans cette interprétation, le niveau de prix du sous-jacent est donc vu comme un niveau de prix d'exercice théorique. Dans ce mouvement de glisse le long de la pente (simple) en pointillé, la convexité de la courbe peut varier également. Ce sont ainsi tous les points de la courbe de volatilité implicite qui évoluent par un seul déplacement du prix du sous-jacent (et du temps).

2. Prix théorique du sous-jacent

Les taux d'intérêt de prêt et d'emprunt de liquidité (ou taux repo pour l'emprunt de titres) interviennent dès que le temps entre en considération dans un contrat financier, ce qui est tout le temps le cas. Nous supposons le lecteur familier avec les différentes définitions de taux d'intérêt et les conversions de l'une à l'autre. Souvent ignoré, ce point reste essentiel lorsqu'il s'agit de proposer des milliers de prix d'options à l'achat et à la vente. Des rappels et précisions sont donnés dans l'annexe en fin de chapitre. Dans la suite, tous les taux sont supposés continus.

L'idée centrale est d'utiliser (donc construire) un prix théorique qui dépend de la maturité considérée pour un contrat donné. Ceci va être obtenu à partir des instruments cotés sur le marché.

1. Cas d'un indice

Si le niveau d'un indice est coté (on dira aussi spot ou cash), il n'est pas, en général, négocié directement sur un marché. Toutefois, il existe les contrats à terme sur indice, ou (contrats) futures, qui vont pouvoir servir de référence et d'instruments de couverture, bien que l'option porte sur le niveau de l'indice.

On suppose donc l'existence d'un future de marché de référence en t_0 date de calcul, d'échéance t_r et de date de livraison l_r, de prix (à terme en t_0) noté $f(t_0, t_r, l_r)$, ou f_r, et on confondra le prix du future avec l'instrument financier lui-même. Le prix de ce future est connu car il est coté, c'est une donnée de marché. Lorsqu'un contrat à terme ne bénéficie pas du mécanisme de compensation, il est nommé forward.

Le prix théorique que nous allons construire est nommé (prix) forward théorique d'échéance t et il se détermine :

- en choisissant t, une échéance de référence pour un smile que l'on souhaite modéliser. En général, t est une des 4 échéances trimestrielles à venir des contrats optionnels ou l'une des échéances mensuelles les plus proches,
- en supposant que sa date de livraison théorique suit les mêmes règles que celle du contrat future de référence, donc $l = t + l_r - t_r$,
- en calculant les taux forward $r(s, s')$ et les taux repo forward $rr(s, s')$ pour des taux s'appliquant entre s et s' en tenant compte des bases calendaires des taux de marché. Les taux sont supposés continus. Attention ici « forward » comme adjectif signifie « projection dans le temps » pour désigner la valeur d'une variable à une date ultérieure à la date où elle est calculée,
- en utilisant la série des dividendes discrets détachés en t_i et livrés en l_i de montant $d(t_i, l_i) = d_i$. Seuls les dividendes dont la date de détachement t_i est inférieure à $max\ (t, t_r)$ interviennent dans le calcul.

Si $t < t_r$, on définit donc le forward théorique d'échéance t comme :

$$f(t_0, t, l) = \left(f_r + \sum_{t<t_i\leq t_r} d_i e^{r(l_i,t_r)(t_r-l_i)} \right) e^{-(r(l,l_r)-rr(l,l_r))(l_r-l)}$$

On ajoute au future de référence la valeur des dividendes qui détachent jusqu'en t_r et que l'on projette jusqu'en t_r depuis leur date de livraison (date effective à laquelle on peut en disposer), le tout étant actualisé jusqu'à la maturité choisie en tenant compte de la livraison.

Si $t \geq t_r$, alors $l \geq l_r$, et on utilise :

$$f(t_0, t, l) = \left(f_r e^{(r(l_r,l) - rr(l_r,l))(l-l_r)} - \sum_{t_r < t_i \leq t} d_i e^{r(l_i,t)(t-l_i)} \right)$$

2. Cas d'une action

Pour une action, le prix de référence est le prix coté en t_0 date de calcul, noté $f(t_0, t_r, l_r) = S(t_0) = f_r$ et donc $t_r = t_0$ et $l_r = l_0$.

Ainsi, il n'y a que le cas $t \geq t_r = t_0$.

Pour obtenir le prix forward théorique d'une action, on retire, au prix coté, la valeur actualisée des dividendes détachés avant la maturité de l'option, puis on reprojette ce montant à l'échéance (toujours en tenant compte de la livraison) :

$$f(t_0, t, l) = \left(f_r - \sum_{t_0 < t_i \leq t} d_i e^{r(t_0,l_i)(l_i - t_0)} \right) e^{(r(l_0,l) - rr(l_0,l))(l-l_0)}$$

On pourra par exemple dire qu'un contrat est à la monnaie forward pour faire référence à ce prix théorique qui tiendra compte des événements impactant le sous-jacent avant l'expiration du contrat en question.

3. Modèle de volatilité à échéance fixée

On cherche à modéliser la volatilité en date t_0 d'une option de strike K et de maturité t pour un prix du forward théorique donné. Le modèle ci-dessous n'est qu'un exemple possible inspiré d'une vaste littérature qui étudie la paramétrisation de la (surface de) volatilité implicite, voir par exemple Homescu [22]. À maturité fixée, nous allons définir une fonction de K, à l'aide des paramètres suivants qui dépendent tous de la maturité t même si leur notation ne le mentionne pas.

R_0 est le prix de référence du sous-jacent relatif à l'échéance t, pour lequel en t_0, date de saisie des paramètres, on évalue la volatilité initiale de référence V_0. En général, on peut associer ces niveaux au prix actuel du sous-jacent et à la volatilité à la monnaie pour l'échéance.

R_s est le prix de référence à une date quelconque s, ultérieure à t_0. C'est une variable qui dépend principalement de la variation du prix du sous-jacent. Une nouvelle volatilité de référence V_s sera évaluée pour ce nouveau prix de référence. En cette date s, il n'y pas de choix de paramètres qui ont été tous fixés en date t_0. Ce sont ces paramètres qui déterminent la dynamique de la volatilité entre t_0 et s.

$F_0 = f(t_0, t, l)$ est le prix forward théorique relatifs à l'échéance t, en date de calcul t_0. Cette valeur est connue et définie plus haut.

$F_s = f(s, t, l)$ est le prix forward théorique relatif à l'échéance t, en date quelconque s. Il dépend du prix de marché du future de référence et est connu en s.

La vélocité ω_0 calibre, en date de saisie t_0, la variation du prix du sous-jacent qui déterminera le nouveau prix de référence. Ce nouveau prix de référence R_s est défini par la relation :

$$R_s = R_0 + \omega_0(F_s - F_0)$$

Souvent, $R_0 = F_0$ et $\omega_0 = 1$ et donc $R_s = F_s$. Autrement dit, les prix des forwards théoriques sont les prix de références pour les volatilités de références. Ce modèle donne ainsi la possibilité de choisir une autre référence que les prix forwards théoriques.

Comme nous avons fait varier le prix de référence, nous faisons varier la volatilité de référence en V_s mesurée en R_s. Selon l'observation de marché, si le prix théorique du sous-jacent progresse, la volatilité associée diminue. Nous introduisons donc un paramètre de pente π'_0 analogue à la vélocité. Ce paramètre est lui aussi attaché à la maturité t et déterminé dès la date de saisie t_0. Il permet de définir la nouvelle volatilité de référence par :

$$V_s = V_0 - \pi'_0(R_s - R_0)$$

que l'on réécrira

$$V_s = V_0 - \pi'_0\,R_0\left(\frac{R_s - R_0}{R_0}\right) = V_0 - \pi_0\left(\frac{R_s - R_0}{R_0}\right)$$

pour faire apparaître la variation relative des prix de référence, très proche de la variation relative du prix du sous-jacent. Le signe négatif permet simplement d'utiliser un paramètre de pente positif, il matérialise l'observation générale d'une baisse de volatilité lors d'une hausse du prix du sous-jacent (et inversement).

À cette étape, nous disposons d'une volatilité de référence pour un niveau donné R_s et toujours une maturité t de contrat. Il s'agit maintenant de décliner ce glissement pour tous les strikes et de définir $V(s, K, t)$, volatilité implicite du contrat de maturité t, de strike K à l'instant $s > t_0$. On remarque que on doit avoir $V(s, R_s, t) = V_s$ avec nos notations, ce qui fait naturellement introduire la variable $R_s - K$ dans le modèle polynomial, ou même $\frac{R_s - K}{R_s}$ afin d'apprécier l'écart relatif du strike (c'est une forme de distance à la monnaie) au niveau de référence à l'instant d'évaluation s. À l'ordre 3, nous pouvons donc proposer le modèle :

$$V(s, K, t) = V_s + a'\frac{R_s - K}{R_s} + b'\left(\frac{R_s - K}{R_s}\right)^2 + c'\left(\frac{R_s - K}{R_s}\right)^3$$

où a', b', c', sont 3 paramètres à valeur dans $\mathbb{R}$ fixés en date de saisie t_0 et dépendant de la maturité t.

Afin de gérer l'asymétrie observée pour des mouvements extrêmes de marché à la hausse et à la baisse, ce modèle est transformé au prix de l'ajout de 2 paramètres supplémentaires, toujours à valeurs dans $\mathbb{R}$:

si $K > R_s$

$$V(s,K,t) = V_s + a_0\frac{R_s - K}{R_s} + b_0^+\left(\frac{R_s - K}{R_s}\right)^2 + c_0^+\left(\frac{R_s - K}{R_s}\right)^3$$

si $K < R_s$

$$V(s,K,t) = V_s + a_0\frac{R_s - K}{R_s} + b_0^-\left(\frac{R_s - K}{R_s}\right)^2 + c_0^-\left(\frac{R_s - K}{R_s}\right)^3$$

Si $K > R_s$ la volatilité est en général inférieure à la volatilité de référence et une décroissance est observée au moins jusqu'à un certain point. En effet, pour des strikes K très supérieurs à R, la volatilité implicite peut croître à nouveau.

Remarque

Avec ce modèle, la volatilité glisse sur une droite de pente initiale $-\pi_0$. On peut imaginer raffiner ce mouvement en introduisant par exemple un modèle à double pente ou un modèle à glissement convexe afin de tenir compte d'un mouvement asymétrique plus important la baisse (avec une pente plus accentuée) qu'à la hausse du prix du sous-jacent. Ceci demande des travaux de recherche interne à l'entreprise de market-making à l'aide de ses données propriétaires de volatilités implicites.

4. Modèle de volatilité à une échéance quelconque

La modélisation précédente nécessite l'emploi et donc l'évaluation de neuf paramètres : $R_0, V_0, \omega_0, \pi_0, a_0, b_0^+, c_0^+, b_0^-, c_0^-$ fixés en t_0 pour modéliser l'évolution du smile de l'échéance considérée t au nouvel instant s après une modification des informations de marché (le prix du sous-jacent en premier lieu). L'opérateur (ou l'algorithme) peut choisir une nouvelle date de saisie, correspondant à une réinitialisation d'une partie des paramètres afin d'intégrer de nouvelles conditions de marché.

Comme expliqué plus haut, le modèle de base ne modélise que quelques maturités : en général les 4 échéances trimestrielles à venir et les échéances mensuelles les plus proches. Les smile de volatilité correspondant aux autres maturités contractuelles vont être déduites du modèle de base par interpolation, qu'elle soit linéaire ou plus élaborée, des deux courbes de volatilité du modèle de base dont l'échéance encadre celle du smile recherché. Le choix de la méthode d'interpolation (parmi une liste prédéfinie) pourra être laissé libre à l'opérateur.

L'interpolation sera réalisée sur les paramètres (ou les variables intermédiaires si cela simplifie la démarche) et non sur les volatilités implicites directement. À l'aide de ces nouveaux paramètres, on dispose d'un modèle pour l'échéance considérée.

Pour le cas où l'échéance recherchée n'est pas encadrée, une méthode d'extrapolation pourra être utilisée. Toutefois, s'il s'agit d'échéances longues, elles sont en général en dehors du champ de travail d'un market-maker. Les échéances longues sont traitées le plus souvent pour la création de produits complexes par des structureurs dont le modèle d'affaires est différent (pour simplifier, ils vont vendre des options complexes en appliquant une marge supplémentaire très importante au juste prix ce qui créé leur revenu, alors que les market-maker offrent, on le rappelle, un prix d'achat, ou bid, et un prix de vente, ou ask, sur des options standardisées et se rémunèrent sur cet écart bid ask.

La littérature académique porte l'attention, avec raison, sur la nécessité de s'assurer que le modèle n'entraîne pas la création d'opportunités d'arbitrage dont pourrait profiter le reste du marché. Ceci est en pratique assuré par la large paramétrisation du modèle qui permet de l'adapter aux conditions de marché. Les opérateurs ajustent leurs modèles dès que nécessaire pour éviter d'être arbitré. Le market-maker ayant lui-même un accès privilégié au marché, avec des frais de transactions réduits face aux autres intervenants, il est le mieux placé pour détecter de telles opportunités et en bénéficier.

5. Anticiper la volatilité

Le contexte de marché évoluant en permanence, il est nécessaire pour le market-maker de pouvoir ajuster dès que nécessaire les paramètres de son modèle afin de présenter des prix d'achat et de vente sur les sous-jacents pour lesquels il détient un contrat de tenue de marché. La démarche qui suit dépend en pratique du modèle de volatilité implicite présent chez le market-maker qui sera supposé être celui présenté plus haut.

Comme nous l'avons vu, les paramètres sont déterminés à l'instant initial afin de suivre une dynamique cohérente de la courbe de volatilité (à maturité constante, les paramètres sont identiques pour tous les prix d'exercice) à l'instant s. On doit alors s'interroger sur les paramètres en ce nouvel instant. Doit-on les faire évoluer ? Si oui, de quelle manière ? Une autre nécessité de déterminer les paramètres arrive lorsqu'une nouvelle échéance va être ouverte par la bourse : dès lors qu'aucun prix n'est encore négocié, comment le market-maker peut-il positionner son smile ? Autrement dit quelles nouvelles valeurs de paramètres choisir ?

Afin de simplifier les notations, nous supposons la courbe de taux constante, quelle que soit la maturité.

1. Projeter la loi de probabilité du sous-jacent

Nous souhaitons ici, à partir de la courbe de volatilité d'une maturité de référence, être capable d'en déduire les courbes de volatilité des autres maturités. Nous allons nous intéresser à la loi de probabilité du prix sous-jacent induite par la courbe de volatilité de référence et tenter de déduire les autres lois induites pour les autres échéances.

a. Du smile à la loi de probabilité du sous-jacent

Les primes d'option permettent implicitement de décrire la loi de probabilité du prix sous-jacent contenu dans l'évaluation du prix.

Si l'on note $C_{BS}(k,\sigma)$ le prix Black-Scholes, la prime de l'option en s de maturité T et de strike K en utilisant un modèle explicite de volatilité implicite est :

$$C(s,T,K) = C_{BS}\left(K, V^i(K)\right)$$

où V^i est la volatilité obtenue par le modèle polynomial pour l'échéance i à l'instant s. Par calcul de la prime comme une intégrale, et en dérivant deux fois par rapport au strike, la densité en s du prix du sous-jacent, notée, $q_s(T, y)$ est donnée par :

$$q_s(T,K) = e^{-r(T-s)} \frac{\partial^2 C}{\partial K^2}(t,T,K)$$

Les dérivées première et seconde par rapport au strike sont :

$$\frac{\partial C}{\partial K} = \frac{\partial C_{BS}}{\partial k}(K, V_i(K)) + \frac{\partial C_{BS}}{\partial \sigma}(K, V_i(K)) \frac{\partial V^i}{\partial K}$$

$$\begin{aligned}\frac{\partial^2 C}{\partial K^2} &= \frac{\partial^2 C_{BS}}{\partial k^2}(K, V_i(K)) + \frac{\partial^2 C_{BS}}{\partial k \partial \sigma}(K, V_i(K)) \frac{\partial V^i}{\partial K} \\ &= \left[\frac{\partial^2 C_{BS}}{\partial k \partial \sigma}(K, V_i(K)) + \frac{\partial C_{BS}^2}{\partial \sigma^2} \frac{\partial V^i}{\partial K}\right] \frac{\partial V^i}{\partial K} + \frac{\partial C_{BS}}{\partial \sigma}(K, V_i(K)) \frac{\partial^2 V^i}{\partial K^2}\end{aligned}$$

Nous avons donc besoin de la dérivée première par rapport au strike de notre fonction de volatilité :

$$\frac{\partial V^i}{\partial K} = -\frac{1}{R_s}\left[a_0 + 2b_0^+ \left(\frac{R_s - K}{R_s}\right) + 3c_0^+ \left(\frac{R_s - K}{R_s}\right)^2\right] \quad \text{si } K > R_s$$

$$\frac{\partial V^i}{\partial K} = -\frac{1}{R_s}\left[a_0 + 2b_0^- \left(\frac{R_s - K}{R_s}\right) + 3c_0^- \left(\frac{R_s - K}{R_s}\right)^2\right] \quad \text{si } K < R_s$$

et de sa dérivée seconde :

$$\frac{\partial^2 V^i}{\partial K^2} = \left(\frac{1}{R_s}\right)^2 \left[2b_0^+ + 6c_0^+ \left(\frac{R_s - K}{R_s}\right)\right] \quad \text{si } K > R_s$$

$$\frac{\partial^2 V^i}{\partial K^2} = \left(\frac{1}{R_s}\right)^2 \left[2b_0^- + 6c_0^- \left(\frac{R_s - K}{R_s}\right)\right] \quad \text{si } K < R_s$$

À partir de la formule de Black-Scholes, on reconstruit la densité $q_s(T, K)$ comme :

$$q_s(T,K) = q_s(T,K)_p + q_s(T,K)_m$$

où $q_s(T,K)_p$ et $q_s(T,K)_m$ sont donnés par

$$q_s(T,K)_p = e^{-r(T-s)} \frac{\partial^2 C}{\partial K^2}(s,T,K) 1_{K>R_s}$$

$$q_s(T,K)_m = e^{-r(T-s)} \frac{\partial^2 C}{\partial K^2}(s,T,K) 1_{K<R_s}$$

Cette densité n'est pas continue au point $K = R_s$ mais nos calculs numériques (intégration notamment) étant discrets dans la suite, ceci ne sera pas gênant en pratique. Ceci nous permet donc d'obtenir, la densité du prix du sous-jacent pour une maturité donnée. Par exemple, ci-dessous, la densité de probabilité à 3 mois comparé à la loi log-normale du modèle de Black-Scholes.

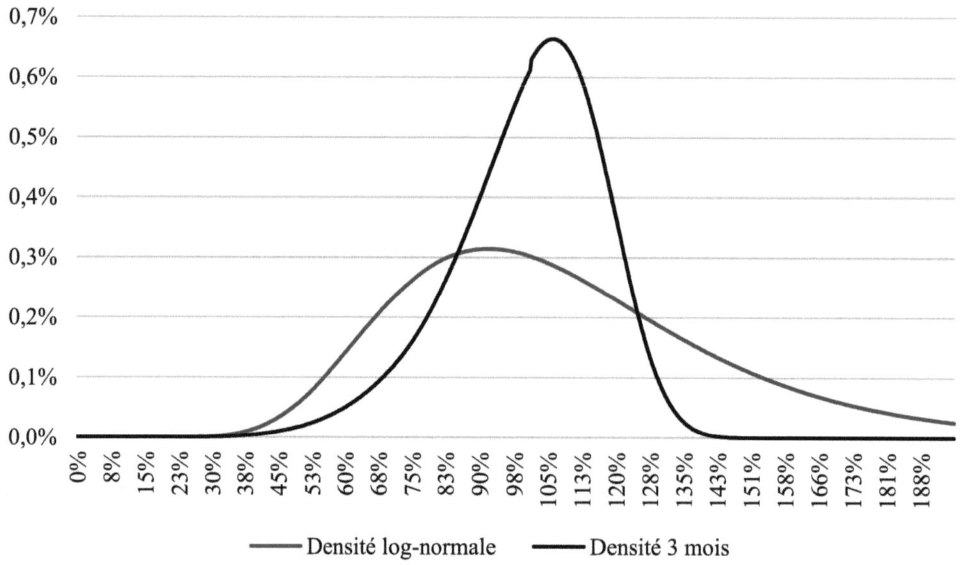

Figure 7-2 Extraction de la densité du prix du sous-jacent à partir de son smile de volatilité

b. De la loi de probabilité du sous-jacent au smile

On dispose donc d'une densité de probabilité de référence pour une maturité fixée, par exemple dans 3 mois. Une première idée consiste à modifier uniquement la maturité dans cette expression de la densité, passer par exemple de 3 mois à 6 mois, et de comparer la loi obtenue avec la loi théorique connue, à 6 mois. Ici on conserve donc tous les autres paramètres de l'échéance de référence. À partir de cette densité nous recalculons de nouvelles primes, en intégrant le payoff d'une option (par exemple un call) de strike K, puis on en déduit la nouvelle volatilité implicite pour ce strike et cette maturité (6 mois dans notre exemple). Toutefois, cette technique n'est pas satisfaisante en pratique, la principale raison étant que l'écart de niveau de volatilité de référence entre les deux maturités 3 et 6 mois est trop important.

Nous déterminons une nouvelle densité, en modifiant toujours la maturité, mais en conservant les paramètres de volatilité de référence et de la pente de la maturité cherchée (ceux définis par l'opérateur), à 6 mois dans notre exemple. L'information initiale est donc plus riche, on se contente de laisser inchangé les paramètres d'ordre 2 et 3 de la maturité de référence, ici à 3 mois.

Ci-dessous l'illustration de la densité obtenue par l'approche proposée et la densité déduite des paramètres de l'opérateur (correspondant au modèle de volatilité implicite à 6 mois effectivement utilisé en date de calcul).

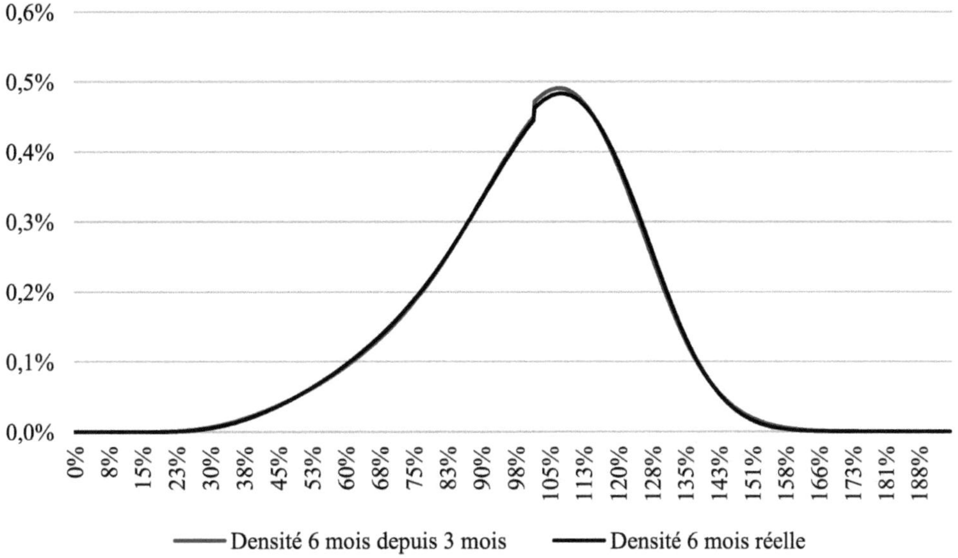

Figure 7-3 Densité du prix du sous-jacent à 6 mois, observée et à partir de la densité 3 mois

Le même exercice est réalisé en proposant de déduire la densité à échéance 1 an, toujours à partir de l'échéance 3 mois.

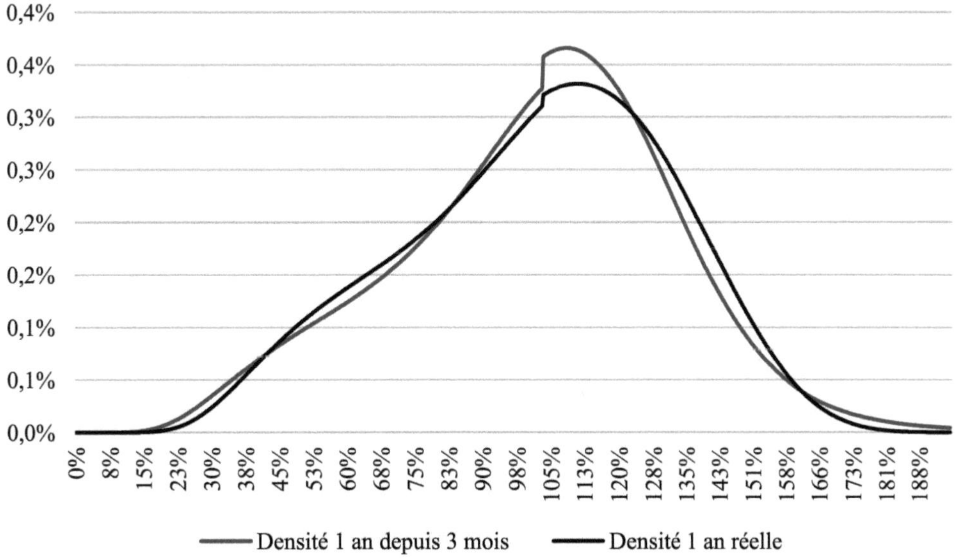

Figure 7-4 Densité du prix du sous-jacent à 1 an, observée et à partir de la densité 3 mois

Le résultat semble satisfaisant pour les échéances peu éloignées les unes des autres. Pour les échéances plus distinctes, manifestement, des distorsions de prix vont apparaître autour de la monnaie. Il semble alors inutile d'approfondir cette approche car c'est sur cet intervalle que la plus grande partie de l'activité de market-making se réalise en général.

Cet exercice reste intéressant pour bien comprendre la manipulation qui est faite du modèle de Black-Scholes par certains market-makers et se rendre compte que les opérateurs se moquent de la cohérence du modèle théorique et contournent l'incompatibilité avec la loi normale pour que la formule de Black-Scholes deviennent un outil pratique quelque soient les conditions de marché.

L'inconvénient de cette approche ici, pour l'objectif qu'on s'est fixé, est qu'il n'y a pas de méthode utilisable dans n'importe quel cas, par exemple lorsque la maturité recherchée est trop éloignée de celle de référence comme on vient de l'illustrer. D'autre part, cela nécessite de nombreuses étapes de calcul : passer de la courbe de volatilité de référence aux primes, puis des prix à la densité pour en déduire une nouvelle densité, puis de nouveaux prix d'options et enfin un nouveau smile pour la nouvelle échéance, alors que les ajustements d'un market-maker doivent se réaliser en temps réel en en quasi continu.

2. Modèle d'évolution des paramètres

Nous proposons ici une aide à la modélisation qui permet d'obtenir des paramètres pour une courbe de volatilité pour une durée donnée jusqu'à l'échéance. Les calculs sont effectués à partir d'une courbe de référence dont les paramètres sont connus et d'un modèle auxiliaire. Nous présentons d'abord les deux modèles utilisés, puis expliquons ensuite les étapes de calcul.

Nous introduisons les notations suivantes : $T = t - s$ et $T' = t' - s$ sont les temps jusqu'à l'échéance (en jours de bourse) de deux smiles de volatilité. Le nouveau T-modèle est défini par :

si $K > R_s$

$$V(s,K,t) = V_s + \frac{a_0}{T^x}\frac{R_s - K}{R_s} + \frac{b_0^+}{T^{2x}}\left(\frac{R_s - K}{R_s}\right)^2 + \frac{c_0^+}{T^{3x}}\left(\frac{R_s - K}{R_s}\right)^3$$

si $K < R_s$

$$V(s,K,t) = V_s + \frac{a_0}{T^x}\frac{R_s - K}{R_s} + \frac{b_0^-}{T^{2x}}\left(\frac{R_s - K}{R_s}\right)^2 + \frac{c_0^-}{T^{3x}}\left(\frac{R_s - K}{R_s}\right)^3$$

Ce modèle est notre modèle de référence où tous les paramètres sont supposés connus. Nous allons utiliser ce modèle de manière statique avec $F_s = F_0$, donc $R_s = R_0$ et ainsi, $V_s = V_0$. x est un paramètre libre qui mesure l'importance temporelle. De plus les paramètres $a_0, b_0^+, b_0^-, c_0^+, c_0^-$ sont maintenant fixés quelle que soit la maturité étudiée. Finalement, nous modélisons les paramètres.

Soit R_0' le pivot associé au temps jusqu'à maturité T' et K' ke prix d'exercice où nous voulons obtenir la volatilité V'. La volatilité V_0' et la référence sont supposées connues, mais les autres paramètres du modèle en T'ne le sont pas.

Dans le modèle de référence, nous choisissons K de sorte que

$$\frac{1}{T^x}\frac{R_0 - K}{R_0} = \frac{1}{T'^x}\frac{P'_0 - K'}{R'_0}$$

ainsi

$$K = R_0 - \frac{R_0}{R'_0}\left(\frac{T}{T'}\right)^x (R'_0 - K')$$

Nous obtenons (c'est la clé)

$$V'(K') = V'_0 + (V(K) - V_0)$$

Remarquons ici que nous prenons R_0 au lieu de R_s (et ainsi de suite) parce que nous n'utilisons pas le paramètre π (ou π' plus précisément) qui est le paramètre de glisse du T-modèle.

a. Calculs et applications

En appliquant le modèle ci-dessus, nous obtenons pour chaque maturité différente de la maturité de référence, une proposition pour la courbe de volatilité. Toutefois, afin de comparer ce nouveau smile, il est nécessaire de le traduire dans le cadre du modèle initial. En raison de la dépendance en T, cela revient à donner de nouvelles estimations des 5 coefficients $a, b^{\pm}, c^{\pm}$ pour chaque maturité. C'est bien l'aide à la décision que l'on souhaitait fournir, à savoir proposer un jeu de paramètres du modèle actuel. Dans le cadre d'une entreprise, la modification du système d'information engage un grand nombre de décideurs. En pratiquant ainsi, on évite tout changement d'architecture informatique, qui viendrait ultérieurement si les opérateurs valident la méthodologie et la direction le budget de développement.

Précisons le cadre de notre exemple. Nous sommes le 23 septembre de l'année N. Pour chaque échéance d'octobre, novembre, décembre de l'année N, de mars et juin de l'année $N + 1$, nous connaissons les paramètres réels, définis par les teneurs de marché, utilisés pour les opérations d'achat et de vente d'options standard dans le modèle initial. Ils sont donnés dans le tableau ci-dessous.

Maturité	Volatilité de référence	a	c^-	b^-	b^+	c^+
Oct. N	24,21	53,36	– 506,59	289,61	289,58	– 135,01
Nov. N	24,32	43,17	– 169,30	118,72	158,57	– 51,58
Déc. N	24,43	38,96	– 123,99	77,64	109,74	– 38,77
Mars $N + 1$	24,87	30,16	– 78,37	48,29	54,64	– 22,83
Juin $N + 1$	24,8	25,44	– 35,21	26,00	39,39	– 14,46

Dans le T-modèle, en choisissant une échéance de référence, nous en déduisons les 5 paramètres de pente et convexité pour les autres maturités. Afin de comparer la suggestion avec les paramètres du modèle initial qui sont connus en réalité pour toutes les échéances, nous « traduisons » ces nouvelles estimations dans le modèle initial.

Dans le tableau suivant, nous utilisons la deuxième échéance (novembre) comme référence pour prédire d'autres paramètres de maturité. Nous rappelons également les paramètres du tableau précédent choisis par l'opérateur pour cette maturité. Dans la section « Prolongements » d'autres résultats similaires seront fournis en prenant décembre, mars puis juin en référence. Enfin, nous prenons ici $x = 1/4$.

Maturité	a	c^-	b^-	b^+	c^+
Nov. N (référence)	43,17	– 169,30	118,72	158,57	– 51,58
Oct. N	53,36	– 506,59	289,61	289,58	– 135,01
Anticipation Oct. N	53,76	– 321,49	182,27	247,05	– 108,05
Déc. N	38,96	– 123,99	77,64	109,74	– 38,77
Anticipation Déc. N	39,22	– 127,84	98,31	130,63	– 37,04
Mars N+1	30,16	– 78,37	48,29	54,64	– 22,83
Anticipation Mars N+1	33,15	– 78,84	70,81	92,72	– 18,54
Juin N+1	25,44	– 35,21	26,00	39,39	– 14,46
Anticipation Juin N+1	30,10	– 53,66	56,63	77,43	– 18,96

La comparaison de ces chiffres est visuellement indigeste. D'autre part, l'importance des paramètres n'est pas la même selon qu'il s'agisse de la pente ou d'une convexité d'ordre 2 ou 3. Les écarts par colonne ne sont donc pas comparables. Cela suggère d'évaluer la sensibilité (encore) du modèle de volatilité à chacun de ces paramètres mais nous nous contenterons ici d'une comparaison des écarts entre les courbes de volatilité obtenues, voire mieux des prix de calls et puts.

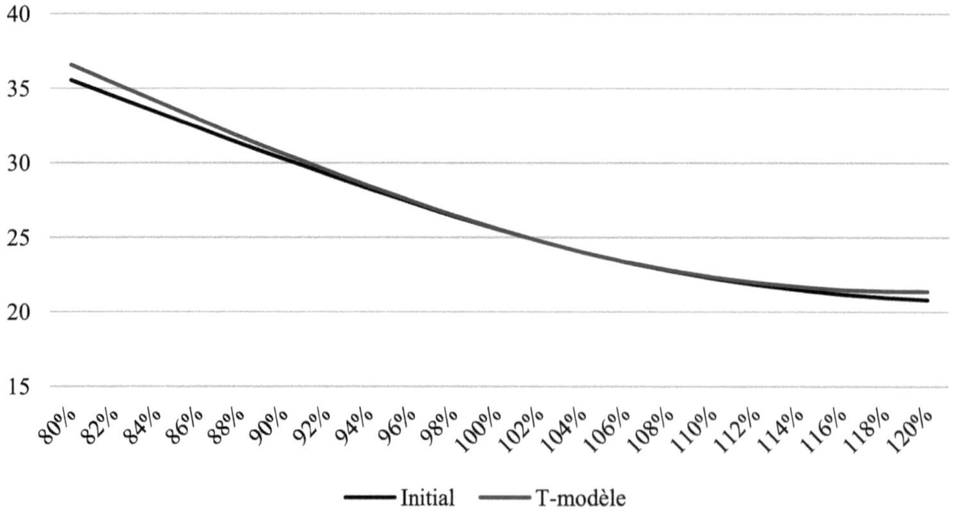

Figure 7-5 Courbe de volatilité réelle et prédite par modélisation

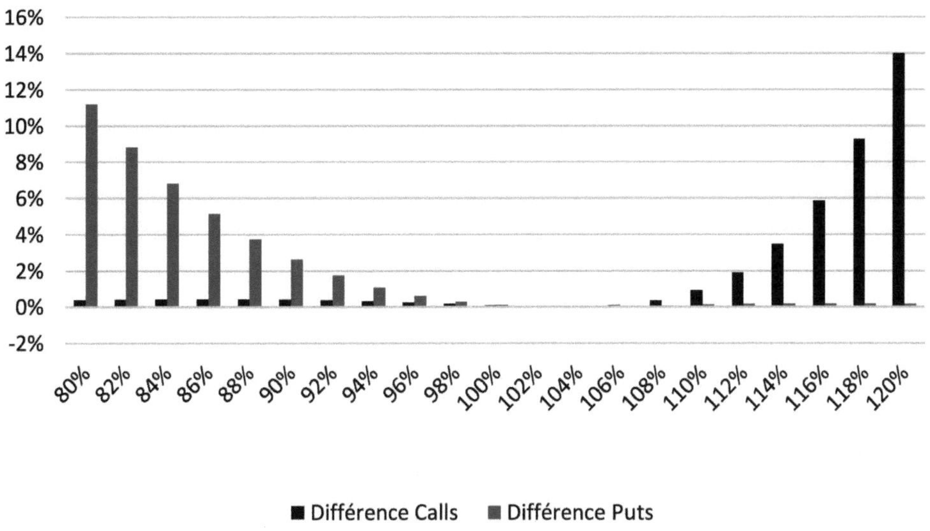

Figure 7-6 Différence de calculs de prix d'options

b. Observations

La méthode ne donne pas de valeurs aberrantes pour les paramètres de la courbe et lorsque la durée jusqu'à maturité est suffisamment longue (référence maturité de novembre ou décembre et étude de la maturité mars et juin). D'autre part, l'estimation du smile est meilleure lorsque la maturité de référence n'est pas trop éloignée de la maturité étudiée.

Si on étudie les prix, leur sensibilité à la volatilité est importante pour les options très dans la monnaie. C'est pourquoi, la meilleure utilisation de cette méthode est probablement lors de la création d'une nouvelle échéance d'option donc d'un nouveau smile de volatilité à partir d'une référence proche.

Avec cette méthodologie, les paramètres du modèle initial changent théoriquement tous les jours puisque nous avons introduit une dynamisation dans le temps, or ceci n'est pas toujours réalisé en pratique et nécessite une adaptation des opérateurs. Cela conforte l'utilisation pour la création d'une nouvelle échéance pour ensuite laisser l'opérateur ajuster les paramètres.

Aucune règle n'a été identifiée pour le paramètre x. Empiriquement, nous suggérons $x = 0{,}25$ si $T < T_{ref}$ et $x = 0{,}35$ si $T > T_{ref}$. Ce genre de traitement différent pour les maturités courtes et longues n'est pas surprenant (Fouque et al. [23]).

Ce type d'étude empirique doit se réaliser sous-jacent par sous-jacent. Des écarts importants peuvent se trouver entre des sous-jacents indiciels ou actions.

D'autre part, les opérateurs, lorsqu'ils ont libre choix de valeurs de paramétrage, ne paramètrent pas le modèle de la même façon et ne modifient pas les paramètres de la même façon, ce qui crée des incompatibilités certaines à vouloir tester une même relation sur plusieurs marchés. D'une certaine façon nous avons cherché à modéliser un comportement d'opérateurs.

On se référera aussi aux analyses données dans l'annexe pour être plus complet.

6. Annexe

Cette annexe fournit des détails pratiques lorsque l'on implémente un modèle d'évaluation d'options professionnel. La plupart des ouvrages théoriques passent rapidement ces sujets. S'ils ne posent aucune difficulté technique, ils induisent des subtilités qui, si négligées, réduiraient le résultat financier du market-maker. La dernière section poursuit l'analyse du T-modèle.

1. Mesure du temps

Un instant t est défini par rapport au calendrier en fixant date et heure (à la précision nécessaire). Par exemple $t = 20/06/2028$ à 15h03mn33s. Un intervalle de temps sera souvent mesuré en nombre de jours. Ceux-ci peuvent être comptés en jours calendaires ou en jours ouvrés. Une période de temps k comprise entre les deux instants t_k et t_{k+1} est définie par l'intervalle de temps semi-ouvert $[t_k, t_{k+1}[$. Par exemple, la période qui va du vendredi 20 juin au mardi 24 juin de la même année est l'intervalle [20/06 0h00, 23/06 23h59]. Elle comprend donc 4 jours calendaires ou 2 jours ouvrés. Un événement arrivant dans la période de temps k a lieu par convention en t_k. Par exemple un virement arrive sur un compte le 26/04 si les fonds sont disponibles le 26/04 au matin (ce qui permet de les utiliser immédiatement). Par convention, une différence de deux dates représentera le nombre de jours (ouvrés ou calendaires selon) entre ces deux dates. Ce nombre de jours est lui-même exprimé en année.

2. Manipulation des taux d'intérêt

Pour rappel, les taux de référence considérés sont des taux annuels post-comptés. L'année de référence compte 360 jours pour les taux simples (ou proportionnels) pour des opérations d'échéances inférieures à 1 an, 365 pour les opérations d'échéances supérieures à 1 an où les taux sont actuariels. L'année en jours ouvrés est à déterminer selon chaque marché boursier dont les jours fériés peuvent varier d'une zone à l'autre. Ici, par convention, elle est fixée à 256 jours.

En particulier, pour déterminer un taux forward 6 mois dans 8 mois, il faut convenir que le taux que l'on calcule est un taux proportionnel en base 360 (période de référence de 6 mois, inférieure à 1 an) et donc convertir le taux actuariel 365 d'échéance 14 mois en taux proportionnel 360 équivalent.

Ces manipulations de taux les rendent dépendant du temps et cela impacte les sensibilités du prix et autres fonctions de la volatilité implicite par rapport au temps.

Les taux repo (qui interviennent dans les opérations de prêt/emprunt de titres) sont manipulés de la même manière. Il est indispensable de les prendre en compte car pour ses opérations de couverture, le market-maker va en particulier emprunter des titres pour pouvoir les vendre.

3. Prise en compte des délais de règlement livraison des titres ou des paiements monétaires

Les échanges de titres et d'argent ne sont jamais instantanés. Les jours sont ici comptabilisés en calendrier ouvré. Lorsque qu'une négociation d'une option et de son éventuelle couverture en sous-jacents est réalisée un jour s, le règlement de la prime a lieu en $s + k$ où k est un nombre de jours ($k = 1$ jour très souvent), le règlement des titres sous-jacents se fait en $s + l$ jours (souvent $l \leq 3$ jours). De plus, pour une échéance en date T, au soir de l'exercice/assignation, la réception ou livraison des titres ou des paiements monétaires se matérialise en $T + m$ jours (m varie souvent entre 1 et 4 jours et cette durée tend à se réduire). Ces différents délais doivent être pris en compte dans les outils d'évaluation d'options et dans le modèle de volatilité implicite en particulier. Ainsi, la maturité réelle prise en compte (ou bien l'actualisation du payoff) d'une option est calculée sur une durée de $(T + m) - (s + k)$. De même, un future sera actualisé en utilisant l'échéance $(T + m) - (s + l)$. En bref, on prend donc en compte les instants de flux exacts et non les seuls paramètres théoriques des contrats.

4. Prise en compte des délais de versement des dividendes

Un dividende de valeur D est défini par deux dates. La date de détachement est la date à laquelle la somme d'argent correspondant au dividende est envoyée vers le bénéficiaire (mais encore non disponible). À cette date, le cours de l'action diminue de la valeur du dividende. Afin de pouvoir profiter du dividende, il faut détenir (pas nécessairement physiquement) les titres en général la veille du détachement. La date de livraison du dividende est la date de livraison physique du dividende sur le compte du bénéficiaire (à cette date, le dividende est disponible sur le titre et peut rapporter de la trésorerie ou être réinvesti). Sur certains marchés, il n'est pas possible d'exercer des options durant une certaine période avant le détachement de ce dividende ce qui va impacter l'évaluation des options américaines.

5. Prise en compte du risque de crédit

Il est possible que le versement d'un titre ou d'un paiement ne soit pas réalisé suite à la faillite de la contrepartie. Toutefois, dans notre contexte, les chambres de compensation permettent d'éliminer ce risque. Il n'est donc pas à prendre en compte ici et le faire serait préjudiciable à l'activité du market-maker si ses concurrents ne l'intègrent pas eux-mêmes dans leurs évaluations : au mieux, il n'est jamais compétitif et ne réalise pas de chiffre d'affaires, au pire il est arbitré par la concurrence et perd de l'argent structurellement.

6. Autres résultats pour le T-modèle

En prenant comme référence successivement les paramètres de la courbe de volatilité des mois de décembre, mars puis juin, les suggestions de paramètres sont proposées dans les tableaux ci-dessous.

Maturité	a	c^-	b^-	b^+	c^+
Déc N (référence)	38,96	– 123,99	77,64	109,74	– 38,77
Oct N	53,36	– 506,59	289,61	289,58	– 135,01
Anticipation Oct N	53,39	– 312,95	143,87	207,49	– 109,09
Nov N	43,17	– 169,30	118,72	158,57	– 51,58
Anticipation Nov N	42,87	– 164,94	93,92	132,93	– 52,06
Mars N+1	30,16	– 78,37	48,29	54,64	– 22,83
Anticipation Mars N+1	32,92	– 76,83	56,14	77,53	– 18,64
Juin N+1	25,44	– 35,21	26,00	39,39	– 14,46
Anticipation Juin N+1	29,88	– 54,14	45,06	65,08	– 20,39

Maturité	a	c^-	b^-	b^+	c^+
Mars N+1 (référence)	30,16	– 78,37	48,29	54,64	– 22,83
Oct N	53,36	– 506,59	289,61	289,58	– 135,01
Anticipation Oct N	48,76	– 331,27	126,23	142,83	– 96,45
Nov N	43,17	– 169,30	118,72	158,57	– 51,58
Anticipation Nov N	39,32	– 168,44	80,40	94,48	– 59,73
Déc N	38,96	– 123,99	77,64	109,74	– 38,77
Anticipation Déc N	35,71	– 126,93	66,66	77,70	– 43,95
Juin N+1	25,44	– 35,21	26,00	39,39	– 14,46
Anticipation Juin N+1	27,54	– 36,69	34,18	45,93	– 13,57

Maturité	a	c^-	b^-	b^+	c^+
Juin N+1 (référence)	25,44	– 35,21	26,00	39,39	– 14,46
Oct N	53,36	– 506,59	289,61	289,58	– 135,01
Anticipation Oct N	45,33	– 204,87	84,31	123,38	– 72,24
Nov N	43,17	– 169,30	118,72	158,57	– 51,58
Anticipation Nov N	36,47	– 107,40	54,63	79,66	– 35,46
Déc N	38,96	– 123,99	77,64	109,74	– 38,77
Anticipation Déc N	33,15	– 80,89	45,14	65,78	– 25,90
Mars N +1	30,16	– 78,37	48,29	54,64	– 22,83
Anticipation Mars N +1	28,05	– 49,53	32,40	46,84	– 13,68

La référence juin fournit des paramètres peu intéressants. Il semble plus efficace de projeter une échéance vers le futur que l'inverse.

En prenant pour référence Mars $N + 1$, nous obtenons les résultats ci-dessous pour l'échéance Décembre $N + 1$.

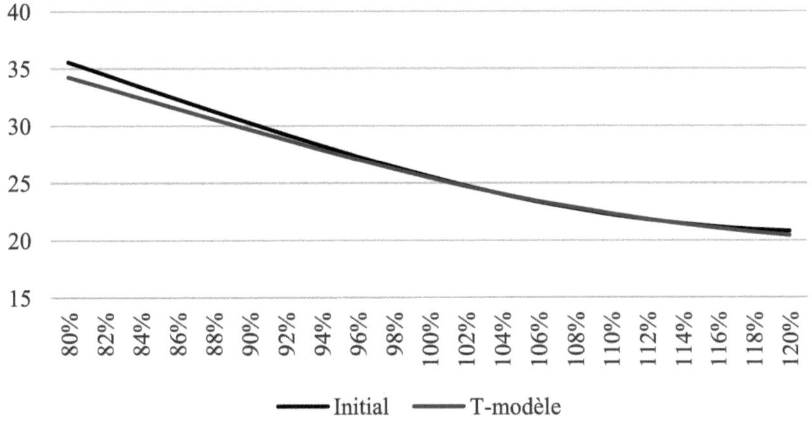

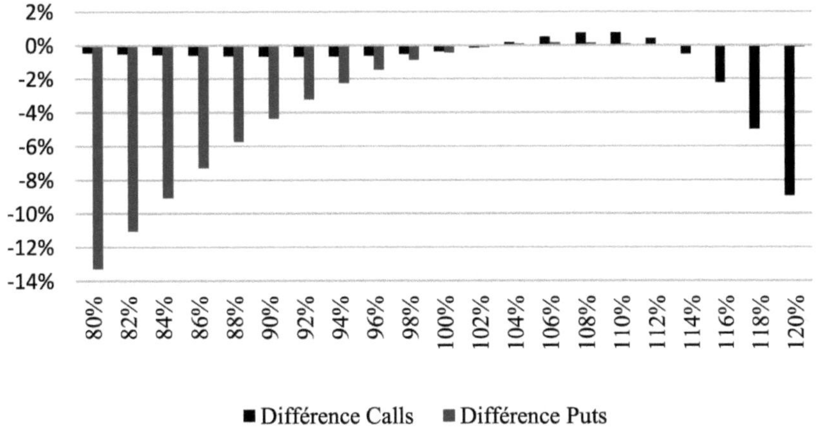

Dans cet exemple, le smile et les prix semblent en général inférieurs aux résultats obtenus à partir le modèle initial. Cela ouvre d'autres voies d'exploration, par exemple privilégier deux références qui encadrent la maturité cherchée pour en déduire un smile moyen.

Chapitre 8 – Évaluation industrielle

Des milliers de prix doivent être proposés à l'achat et à la vente et mis à jour dès que les conditions de marché le nécessitent. Cette exigence professionnelle impose le développement de systèmes d'information performants mais surtout robustes afin de garantir la pérennité de l'activité. Les prix présentés doivent générer un revenu suffisant. Ici, nous rappelons les principales méthodes d'évaluations dont les bases théoriques sont extrêmement bien documentées. Sans revenir sur le détail de formules ultra classiques, nous précisons leurs utilisations avec un modèle de volatilité implicite paramétrique. Les sensibilités du prix aux différents paramètres du modèle d'évaluation seront également rappelées. Elles permettent en effet la mise en œuvre du modèle d'affaires du market-maker qui sera présenté en partie III.

1. Le niveau de sous-jacent

En termes contractuels, les options sont considérées comme des options sur le prix du sous-jacent coté (aussi dit spot ou cash). Les formules d'évaluation vont également tenir compte du contexte de marché, notamment en termes de taux d'intérêt, et des événements prévus affectant le prix du sous-jacent, comme les dividendes. Ainsi, nous sommes amenés à définir un niveau de prix théorique, dit cash théorique, directement déduit du prix du forward théorique construit dans le chapitre 7. Nous supposons toujours que nous nous intéressons aux contrats d'une maturité fixée t.

Pour un sous-jacent indiciel, de niveau I, con prix se détermine par actualisation du prix forward théorique d'échéance t, toujours en tenant compte des conséquences pratiques du règlement livraison, qui dépend lui-même du prix du future de référence de marché (qui est une donnée de marché connue) :

$$I(t_0, t, l) = f(t_0, t, l)e^{-(r(l_0,l)-rr(l_0,l))(l-l_o)}$$

Pour un sous-jacent action, le prix du future de référence du marché est le prix spot de l'action. Le prix injecté dans le modèle d'évaluation s'écrit :

$$S(t_0, t, l) = f(t_0, t, l)e^{-(r(l_0,l)-rr(l_0,l))(l-l_o)} = \left(S(t_0) - \sum_{t_0<t_i\leq t} d_i e^{r(t_0,l_i)(l_i-t_0)} \right)$$

C'est le prix instantané de l'action auquel on retire la valeur actualisée des dividendes détachant avant la maturité de l'option.

Dans la suite, le prix du sous-jacent sera toujours noté S, que l'option porte sur un indice action ou une action.

2. Formule de Black-Scholes

Cette formule est utilisée pour l'évaluation des options européennes. Les formules sont exprimées en fonction du prix du sous-jacent en t_0 date d'évaluation : $S_{t_0} = S(t_0, t, l)$. Ce prix tient donc compte des dividendes distribués jusqu'à maturité t de l'option considérée et dont le strike est noté k. La volatilité implicite $V(t_0, k, t)$ est simplement notée V dans la suite de ce chapitre.

Dans le modèle de Black-Scholes, on montre que la prime d'une option d'achat, ou call, est donnée par, en reprenant les notations du chapitre précédent :

$$C\left(t_0, S_{t_0}, k, t\right) = S_{t_0}\, e^{-rr(t_0,l)(l-t_0)}\, N(d_1) - k\, e^{-r(t_0,l)(l-t_0)}\, N(d_2)$$

où

$$d_1 = \left[ln\left(S_{t_0}/k\right) + \left(r(t_0, l) - rr(t_0, l) + \frac{V^2}{2}\right).(l - t_0)\right] / \left(V\sqrt{(l - t_0)}\right)$$

$$d_2 = d_1 - V\sqrt{(l - t_0)}$$

et N la fonction cumulative de la loi normale standard définie sur $\mathbb{R}$:

$$N(x) = \frac{1}{\sqrt{2\pi}} \int_{-\infty}^{x} e^{-\frac{u^2}{2}}\, du$$

La valeur de l'option de vente de mêmes caractéristiques (maturité, strike) se calcule par :

$$P\left(t_0, S_{t_0}, k, t\right) = -S_{t_0}\, e^{-rr(t_0,l)(l-t_0)}\, N(-d_1) + k\, e^{-r(t_0,l)(l-t_0)}\, N(-d_2)$$

On remarque que le taux repo remplace dans les formules le taux de dividende continu utilisé par certains auteurs. On trouvera ces formules d'évaluation notamment dans Hull [24].

Quant aux options américaines, il n'existe pas de formule fermée en toute généralité. On utilise, par exemple, l'algorithme de Cox Ross Rubinstein, aussi connue sous le nom d'évaluation par arbre binomial où la prime est évaluée récursivement à chaque nœud de l'arbre construit pour modéliser les trajectoires possibles du sous-jacent. Hull [24] ou Poncet et Portait [2] sont de bonnes références pour les détails.

3. Calcul des sensibilités de la prime

Comme cela vient d'être rappelé, la prime d'une option dépend d'un nombre important de variables ou paramètres : la maturité et le prix d'exercice du contrat, les taux d'intérêt (standard, forward, repo), le niveau du sous-jacent, la volatilité, éventuellement les dividendes, tout cela à l'instant de calcul.

Le prix d'une option se modifie dès que la valeur d'une de ces variables change. Ces variations de prix ont lieu en permanence, ne serait-ce qu'avec le passage du temps et impactent directement le résultat du market-maker. Il doit donc surveiller et anticiper les mouvements potentiels de l'ensemble de ses positions prises sur le marché.

Nous nous concentrons sur les variations de la prime liées à celles du prix du sous-jacent, de la volatilité implicite et du temps.

1. Dérivées et sensibilités

Traditionnellement, la sensibilité du prix à ces changements se mesure par les « grecques », définies comme les dérivées partielles (d'ordre au moins un et deux) de la fonction prix par rapport à chacune des variables considérées. Le terme grecques provient de l'utilisation des lettres grecques pour désigner ces dérivées :

Le delta est la dérivée première de la prime d'option, notée C, par rapport au prix du sous-jacent : $\Delta = \frac{\partial C}{\partial S}$ ou $\delta = \frac{\partial C}{\partial S}$. Le sous-jacent considéré ici sera en général la référence de marché (un prix de future de marché pour un indice ou le prix instantané). Cette dérivée est elle-même une fonction des mêmes variables que la fonction prime d'options.

Dans la formule de Black-Scholes (à volatilité constante, sans construction d'un sous-jacent théorique), elle est donnée par une formule. Pour un call c'est donné par en t_0 :

$$\Delta_{BS,Call} = e^{-rr(t_0,l)(l-t_0)}\, N(d_1)$$

et le delta d'un put se calcule avec :

$$\Delta_{BS,Put} = e^{-rr(t_0,l)(l-t_0)}\, N(d_1)[N(d_1) - 1]$$

Le véga est le nom donné à la sensibilité du prix de l'option à une variation de la volatilité. Dans la formule de Black-Scholes à volatilité constante, le véga se calcule comme :

$$\nu_{BS} = e^{-rr(t_0,l)(l-t_0)}\, S_{t_0}\sqrt{l - t_0}\, N'(d_1)$$

où

$$N'(x) = \frac{1}{\sqrt{2\pi}} e^{-\frac{x^2}{2}}$$

est la dérivée de la fonction N. Le véga ainsi calculé est toujours positif.

Toutefois, en pratique, nous avons introduit une volatilité qui est elle-même une fonction V, du prix du sous-jacent (ou d'un future de marché pour un indice) noté f_r ceci à travers un prix de future théorique $f(t_0, t, l)$ (en reprenant les notations du chapitre précédent). Il faut donc tenir compte de cette dépendance pour déterminer le delta ajusté par rapport à l'instrument de référence :

$$\Delta_{f_r} = \Delta_{BS}\frac{\partial S(t_0, t, l)}{\partial f_r} + \nu_{BS}\frac{\partial V}{\partial f}\frac{\partial f(t_0, t, l)}{\partial f_r}$$

Ces formules obtenues à partir de dérivées partielles ne sont exactes qu'instantanément. En réalité, les variations considérées des variables en jeu ne sont pas infinitésimales en pratique et les dérivées ne fournissent alors que des approximations. C'est pourquoi il est souvent préférable de mesurer les sensibilités par différences finies de la fonction prix. Par exemple, si $C(x, ...)$ est une fonction de prix, où les « ... » suggèrent une éventuelle dépendance en d'autres variables, la vraie sensibilité de cette fonction par rapport à la variable x est évaluée en fixant une variation de référence h, souvent valant l'unité ou une fraction de l'unité, appliquée au niveau de référence $x = x_0$:

$$\frac{C(x_0 + h, \dots) - C(x_0, \dots)}{h}$$

D'après une formule de Taylor, on sait que, pour une fonction suffisamment dérivable, ceci revient à prendre en compte les dérivées d'ordre supérieur ou égal 1. Un exemple numérique sur l'impact sur calcul du delta d'un tel choix est donné en annexe.

Un autre intérêt non négligeable se trouve dans l'implémentation informatique. Pour un type d'option donnée, il n'y a plus qu'une fonction de prix à coder au lieu de dizaines de formules de sensibilités par rapport à chacune des variables du modèle d'évaluation.

Dans le cas du modèle binomial, ou de toute autre méthode sans formule fermée, cette approche par différence finie[1] est souvent la seule possible.

Enfin, on comprend bien l'intérêt de ces calculs de sensibilités en voyant la différence $C(x_0 + h, \dots) - C(x_0, \dots)$ comme celui du résultat d'une opération financière qui consiste à acheter une option au prix $C(x_0, \dots)$ puis de la revendre au prix $C(x_0 + h, \dots)$.

Ceci se généralise à plusieurs variables :

$$C\big(x_0 + h_x, y_0 + h_y, z_0 + h_z, \dots\big) - C(x_0, y_0, z_0, \dots)$$

et on pourra apprécier le résultat d'une opération financière en fonction de scénarios de variations des variables qui l'influencent. Ceci remplace et simplifie l'utilisation des dérivées croisées.

Tout cela montre bien au final pourquoi la gestion de positions optionnelles se pratique à l'aide de toutes ces sensibilités.

Le thêta exprime la sensibilité au passage du temps de la prime d'option. Contrairement aux autres variables, le temps ne varie que dans une direction. Selon les pratiques, la variable utilisée est l'instant de départ, la maturité, ou l'écart entre les deux. Les résultats sont similaires et seul son signe varie.

Dans le cadre de la formule de Black-Scholes, il se calcule directement pour les calls :

$$\Theta_{BS,Call} = \frac{-S_{t_0} V}{2\sqrt{l - t_0}} e^{-rr(t_0,l)(l-t_0)} N'(d_1) - r(t_0, l)\, k\, e^{-r(t_0,l)(l-t_0)} N(d_2) + rr(t_0, l)\, S_{t_0}\, e^{rr(t_0,l)(l-t_0)} N(d_1)$$

et les puts :

$$\Theta_{BS,Put} = \frac{-S_{t_0} V}{2\sqrt{l - t_0}} e^{-rr(t_0,l)(l-t_0)} N'(d_1) + r(t_0, l)\, k\, e^{-r(t_0,l)(l-t_0)} N(-d_2) - rr(t_0, l)\, S_{t_0}\, e^{rr(t_0,l)(l-t_0)} N(-d_1)$$

[1] Précisément dans un arbre binomial, la différence finie se calcule à partir des primes établies à chaque nœud.

L'ajustement lorsque l'on tient compte du modèle de sous-jacent et du modèle de volatilité serait :

$$\Theta = \Theta_{BS} + \nu_{BS}\frac{\partial V}{\partial f}\frac{\partial f(t_0,t,l)}{\partial l} + \Delta_{BS}\frac{\partial S(t_0,t,l)}{\partial l}$$

Dans ce calcul, la dépendance des taux en la variable temps est ignorée. Tout comme pour l'ensemble des sensibilités, il est donc préférable de le calculer par différences finies entre l et $l - x$ où x représente le nombre de jours écoulés (la maturité est réduite de x jours), souvent $x = 1$ jour, exprimé en base annuelle jours ouvrés soit $x = 1/256$ année. En effet, le temps apparaissant dans chaque transformation de notre modèle, cela devient une source d'erreur importante d'accumuler des formules, et dès que le modèle évolue, toutes les formules doivent être modifiées.

Numériquement, la différence finie centrée

$$\frac{C(x_0 + h, \dots) - C(x_0 - h, \dots)}{2h}$$

est plus précise, mais on voit que pour la variable temps celle-ci n'a pas de sens physique. Les différences finies à droite (ou après, celle que nous avons introduite plus haut) et à gauche (ou avant), et dont la différence centrée est la moyenne, peuvent être significativement éloignées, traduisant une asymétrie dans le comportement de la prime.

Les autres sensibilités d'ordre 1 sont le rho pour la sensibilité au taux d'intérêt, le rhorepo, pour la sensibilité au taux repo et celle par rapport au dividende.

2. Sensibilités d'ordre supérieur

Dans le modèle de Black-Scholes, le gamma est la dérivée seconde de la prime par rapport au prix du sous-jacent de référence. Le résultat est identique pour un call et pour un put et vaut :

$$\Gamma_{BS} = \frac{e^{(-rr(t_0,l)(l-t_0))}N'(d_1)}{S(t_0)V\sqrt{l - t_0}}$$

Cette valeur est toujours positive.

Le gamma est également ajusté lorsqu'on utilise une fonction V de volatilité implicite et un modèle de sous-jacent théorique :

$$\Gamma_{f_r} = \Gamma_{BS}\left(\frac{\partial S(t_0,t,l)}{\partial f_r}\right)^2 + 2\frac{\partial \Delta_{BS}}{\partial V}\frac{\partial V}{df}\frac{\partial f}{\partial f_r} + \frac{\partial \nu_{BS}}{\partial V}\left(\frac{\partial V}{\partial f}\frac{\partial f}{\partial f_r}\right)^2 + \nu_{BS}\frac{\partial^2 V}{\partial f^2}\left(\frac{\partial f}{\partial f_r}\right)^2$$

L'analogie avec la physique peut être utile : si le delta correspond à une vitesse ou à la pente, le gamma est l'accélération ou la convexité. Ainsi, sa mesure permet de savoir si la prime varie plus ou moins rapidement que le prix du sous-jacent (ou du future de référence).

Pour les dérivés d'ordre supérieur, il sera aussi bénéfique d'utiliser les différences finies pour les raisons précédentes. À l'ordre 2 :

$$\frac{C(x_0+h,\ldots)-2C(x_0,\ldots)+C(x_0-h,\ldots)}{h^2}$$

Et pour des sensibilités croisées à l'ordre 2 :

$$\frac{C(x_0+h_x,y_0+h_y,\ldots)-C(x_0+h_x,y_0-h_y,\ldots)-C(x_0-h_x,y_0+h_y,\ldots)+C(x_0-h_x,y_0-h_y,\ldots)}{4h_xh_y}$$

L'utilisation de ces sensibilités sera mise en œuvre dans la suite. Nous conserverons une notation unique par lettre grecque des sensibilités aux paramètres du modèle et ou variables de la fonction prime, que celles-ci soient calculées par une formule ou par une différence finie.

4. L'essentiel sur les sensibilités

Les calculs ayant été rapidement donnés, il est surtout indispensable pour le market-maker de savoir utiliser ces grecques afin de d'anticiper le comportement d'un contrat optionnel soumis à de multiples dimensions. L'analyse suivante est réalisée sur des positions longues (call ou put).

1. Le delta

C'est le reflet de la sensibilité de l'option à une variation du sous-jacent : un delta de 0,3 implique (approximativement) que si le prix du sous-jacent augmente de 1€, l'option augmentera de 0,30€. Le prix du sous-jacent a un delta de 1. Lorsque le prix du sous-jacent est au niveau du strike de l'option, le delta est proche de 0,5 en valeur absolue. Pour un put et un call de mêmes caractéristiques, $Delta\ Call\ -\ Delta\ Put\ =\ 1$ (ceci ne dépend pas du modèle de valorisation). Le delta du call est entre 0 et 1, celui du put entre -1 et 0.

Le delta reflète également l'exposition action sous-jacente de l'option à un instant donné. Par exemple, un contrat put acheteur (sur 100 actions), de delta $-0{,}2$ reflète une position vendeuse (ou short) sur $0{,}2 * 100 = 20$ titres. La couverture de ce put nécessite donc d'acheter simultanément 20 actions. Cette information n'est pas statique. Une position delta neutre signifie que l'agréation d'un ensemble de positions possède un delta nul, donc une exposition nulle (ou faible en pratique) au sous-jacent. Maintenir un delta neutre nécessite une gestion dynamique. Le delta d'un portefeuille d'options sur un même sous-jacent est la somme pondérée (par les quantités) des deltas de ses constituants. On peut donc obtenir n'importe quel niveau de sensibilité (autrement dit de couverture) aux variations du support par modification de la composition du portefeuille.

Le delta bouge très vite près de la monnaie (il y est très sensible), d'autant plus vite que l'expiration est proche. Une hausse de la volatilité implicite ramène les options plus proches de la monnaie, c'est-à dire que le delta revient vers autour 0,5 en valeur absolue : avec la hausse de l'incertitude, il devient en effet plus difficile d'apprécier si l'option expirera dans la monnaie ou non.

Toute chose égale par ailleurs, le passage du temps conforte la position du sous-jacent constaté par rapport au strike : ainsi le delta d'un call (respectivement d'un put) dans la monnaie (respectivement hors de la monnaie) est croissant avec le temps alors que celui d'un call (respectivement d'un put) en dehors de la monnaie (respectivement dans la monnaie) est décroissant.

Une notion proche est celle d'élasticité, noté e, qui permet simplement de raisonner en pourcentage de variation et non plus en euros. Formellement, elle s'écrit :

$$e_{option} = Delta_{option} * \frac{Prix\ du\ sous-jacent}{Prime\ de\ l'option}$$

2. Le gamma

C'est le delta du delta. Il permet de mesurer la fréquence d'ajustement nécessaire pour maintenir le delta d'une position à l'intérieur d'un intervalle fixé. À caractéristiques identiques de strike, maturité et volatilité, $Gamma\ Call = Gamma\ Put$. Le gamma du sous-jacent est nul et les gammas sont additifs (comme le delta). Enfin, Le gamma est maximal à la monnaie (croissant puis décroissant avec le sous-jacent) et pour les options de maturités courtes (entre 3 et 6 mois), ce qui explique l'attrait (et en conséquence la forte liquidité) pour ces contrats de la part des market-makers (leur stratégie sera précisée plus loin) dont le résultat est proportionnel au gamma. Il est peu sensible au temps sauf lorsque l'on est proche de l'expiration. Le comportement du gamma en fonction de la volatilité est plus complexe : il est croissant puis décroissant lorsque la volatilité augmente.

3. Le thêta

Le temps a deux impacts sur le prix de l'option. Le premier se concrétise à travers la volatilité : plus le prix du sous-jacent a le temps d'évoluer, plus la probabilité de s'éloigner du prix d'exercice est importante, et ainsi de réaliser un profit pour l'acheteur, que ce soit un put ou un call. Le deuxième effet se réalise à travers le taux d'intérêt, et la situation est différente selon le type d'option achetée. Pour un call, plus l'échéance est lointaine, plus, en cas d'exercice de l'option, le versement du prix d'exercice se fera tardivement et donc plus la prime est élevée à l'achat. Pour un put, puisqu'il est préférable d'encaisser le prix d'exercice rapidement, cela joue un rôle opposé sur sa prime. Finalement, pour un call, les deux influences se cumulent et toute chose égale par ailleurs, un call de maturité courte vaudra toujours moins cher qu'un call de maturité plus longue. Pour un put, les deux effets s'opposent et un put européen de maturité courte peut valoir plus cher qu'un put de même strike mais de maturité plus longue, comme les puts européens très dans la monnaie. Toutefois, pour les puts américains, la possibilité de l'exercice immédiat annule l'impact du taux d'intérêt, et un put de maturité longue vaut toujours plus qu'un put américain de maturité courte.

Le thêta mesure la valeur (en euros) que perd l'option après 1 an (exprimé le plus souvent à la journée) passé, toute chose restant égale. Excepté pour les puts européens comme on l'a vu, la valeur des options est d'autant plus élevée que leur maturité est élevée. Pour de mêmes caractéristiques $thêta\ Put > thêta\ Call$ (et toujours $thêta\ Call < 0$). Le thêta du sous-jacent est nul et les thêtas sont additifs. Il est minimum (soit maximum en valeur absolue) pour les options à la monnaie. Il s'oppose au gamma dans le comportement de l'option : ce qui est perdu par l'écoulement du temps peut être compensé par la gestion du gamma, cela sera vu ultérieurement dans la partie III. Comme le gamma, le thêta est important (en valeur absolue) pour les options de maturités courtes. Il est décroissant puis croissant ensuite : les options à la monnaie ont une valeur temps maximale. La perte de valeur temps augmente avec l'augmentation de volatilité implicite et s'accélère en fin de vie de l'option.

4. Le véga

Plus un titre est volatil, plus sa probabilité de dépasser le strike dans le cas d'un call ou baisser sous celui d'un put est importante. La hausse de la volatilité implicite entraîne donc une hausse des primes d'options. Le véga mesure la variation attendue (en euro) du prix de l'option pour une variation de 1 point de volatilité. À caractéristiques identiques, $Véga\ Call = Véga\ Put$ (et évidemment le véga du sous-jacent est nul). Il est positif puisqu'une hausse de la volatilité implicite augmente la valeur des primes.

Le véga est maximum pour les options à la monnaie (croissant puis décroissant avec la hausse du sous-jacent), là où l'incertitude (de la position du sous-jacent à maturité au-dessus ou en dessous du strike) est la plus forte.

La prime de l'option est plus sensible aux variations de volatilité implicite lorsque la maturité est éloignée. Autrement dit, les prix d'options de maturités longues sont plus sensibles aux variations de volatilité qu'une même option de maturité plus courte. Ceci peut impacter le choix d'un contrat : si une baisse de volatilité implicite est anticipée, une vente d'option de maturité longue générera un résultat plus important. De même, acheter des options de maturité éloignée peut générer de substantielles pertes si la volatilité chute. Le véga est également croissant avec la volatilité implicite.

En théorie, les végas de plusieurs contrats sur un même sous-jacent sont additifs comme les autres sensibilités. En pratique, cette addition n'est pas immédiate pour refléter une position agrégée car la courbe de volatilité implicite n'est pas plate et chaque point de la courbe ne réagit pas de la même façon à une information de marché. C'est un sujet important pour le market-maker qu'on abordera dans la partie III.

5. Modèle de volatilité implicite et opportunités d'arbitrage

Lorsque le market-maker construit son modèle paramétrique de volatilité implicite, on a vu que ceci devait se réaliser sans créer d'opportunités d'arbitrage. Celles-ci peuvent apparaître si les prix d'options obtenus ne respectent pas les propriétés découlant de la structure des contrats optionnels selon le principe de non arbitrage justement. C'est le cas, par exemple, de la relation de parité call-put pour les options européennes qui ne dépend d'aucun modèle d'évaluation. Les propriétés les plus utiles pour valider le modèle de volatilité sont celles qui relient les prix d'options ayant des maturités et ou des strikes différents afin de couvrir toute la surface de volatilité.

S'il n'y a pas de versement de dividende, on l'a vu ci-dessus, le call européen de maturité longue a une prime supérieure à celle d'un call de même strike de maturité courte. Le paramétrage du modèle de volatilité implicite doit donc satisfaire cette propriété sur les prix afin d'assurer une cohérence le long de l'axe des maturités.

Concernant l'axe des prix d'exercice, on s'assure d'abord que pour les calls les prix obtenus par le modèle sont décroissants en strike, croissants pour les puts. De plus, on peut montrer que les prix des calls et puts, américains et européens sont convexes en cette variable. On note la prime de l'option $C(k) = C\left(t_0, S_{t_0}, k, t\right)$, où k est le strike. Elle vérifie, pour tout réel λ entre 0 et 1 et pour tout strike $k^1 < k^2$:

$$C(\lambda k^1 - (1-\lambda)k^2) < \lambda C(k^1)) + (1-\lambda)C(k^2)$$

Ceci s'étend à un nombre fini de prix d'exercice et une somme de coefficient de pondération égale à 1. Le respect de ces conditions (il en existe d'autres, nous n'avons montré que les principales) permet d'imposer un paramétrage rendant le modèle de volatilité non arbitrable.

6. Annexe

Nous donnons un exemple de calcul approché d'un delta. Dans le cas d'une variation du prix d'un call $C(S)$ par rapport au prix de son sous-jacent qui passe de S à S', on a

$$C(S') - C(S) = (S' - S)\Delta_{bs} + \frac{(S' - S)^2}{2}\Gamma_{bs} + O((S' - S)^3)$$

où Δ_{bs} et Γ_{bs} sont les grecques standards et $O((S' - S)^3)$ les termes d'ordres supérieurs ou égaux à 3. Ainsi, pour une variation de 1, le delta (amélioré) pourra s'écrire

$$\Delta_{bs} + \frac{1}{2}\Gamma_{bs} + O(1) \simeq \Delta_{bs} + \frac{1}{2}\Gamma_{bs}$$

Ceci illustre plusieurs points :

- le delta Black-Scholes est une approximation du delta réel, il en est ainsi de toutes les grecques,
- le delta et les grecques calculés seront améliorés en tenant compte des dérivées d'ordre supérieur,
- on tiendra compte de toutes les dérivées d'ordre supérieur en calculant une différence de primes.

Si, par exemple, on considère un call européen à la monnaie de prix 17,1387€, de delta Black-Scholes 0,6083, de gamma Black-Scholes 0,0094. Le delta amélioré vaut $0{,}6083 + 0{,}5 * 0{,}0094 = 0{,}613$. Pour une variation de 1€, à la hausse du prix du sous-jacent, le prix du call devient 17,7518€. La différence de prix d'option donne le delta exact : $17{,}7518 - 17{,}1387 = 0{,}6131$.

La vente de 1000 calls européens (quotité 10) entraîne l'achat de 6083 titres en couverture delta neutre classique, 6130 en delta amélioré et 6131 en delta exact. Alors que les deux derniers deltas restent comparables, le premier présente un manque de 48 titres soit une erreur de 0,8% environ. Ainsi avec le delta Black-Scholes, une position n'est jamais complétement immunisée contre les variations du sous-jacent. Cette erreur, répétée à chaque pose, peut s'amplifier.

Partie III. Gestion et stratégies

Chapitre 9 – Trading de volatilité

1. Gestion des options standardisées

Lorsque que se négocie une option entre un acheteur et un vendeur, ceux-ci s'exposent à différentes variations des variables financières qui sont matérialisées par les grecques, les sensibilités aux différents facteurs influençant l'évolution des prix d'options et donc des gains ou pertes à venir des intervenants. Dans son activité, le market-maker est l'apporteur de liquidité, élément essentiel au bon fonctionnement du marché organisé des options. Ainsi, pour un sous-jacent donné, il pourra négocier à tout instant des achats-ventes de calls et des achats-ventes de puts. Obligatoirement présent à l'achat et à la vente, il ne peut appliquer d'opinion, si tant est qu'il en ait une, sur la direction à venir du sous-jacent. À moins que par pur hasard, ces positions se compensent, cela l'obligerait à subir les expositions résultantes des choix de ses contreparties, par exemple dans le cas extrême où elles ne lui achèteraient que des calls.

En réalité, il n'a pas besoin d'avoir une vue sur la trajectoire incertaine du sous-jacent, ceci grâce à la théorie du modèle de Black-Scholes. Il dispose en effet à tout instant d'un portefeuille de réplication lui permettant de respecter la promesse lorsqu'il achète ou vend une option. Ce portefeuille est composé d'une certaine quantité, négative ou positive, de titres sous-jacents et d'un montant monétaire emprunté ou placé à un taux d'intérêt, c'est exactement la formule de Black-Scholes, rapidement présentée au chapitre 8. La quantité nécessaire de titres du sous-jacent est donné par le delta, noté δ dans la suite, et on dit alors que l'on applique une stratégie de couverture en delta neutre ou risque neutre, car, par construction, la position optionnelle couverte n'a alors instantanément aucun risque d'exposition à la variation du prix du sous-jacent.

2. Couverture en delta neutre

Plaçons-nous dans le cadre du modèle de Black-Scholes où on note C_t, δ_t, S_t et P_t respectivement la prime d'option call, le delta de l'option, le prix du sous-jacent et le portefeuille construit à l'instant t. Un market maker constitue en $t_0 = 0$ un portefeuille risque neutre :

$$P_0 = C_0 - \delta_0 S_0$$

Il n'apporte aucun capital, il doit donc emprunter P_0, au taux sans risque r (continu et constant pour simplifier, et si $P_0 < 0$, il placera cette somme qu'il reçoit), pour acheter un call au prix C_0, vend δ_0 actions au prix S_0.

En $t_1 = 1$, son portefeuille vaut

$$P_1 = C_1 - \delta_0 S_1$$

Le prix du sous-jacent a dévié et le portefeuille n'est plus risque neutre. Sa dette vaut $P_0 e^{r(t_1-t_0)} \simeq P_0(1+r(t_1-t_0))$. La variation du portefeuille (son profit algébrique) du market maker s'écrit donc, s'il vend en t_1 :

$$\Delta P_{0,1} = P_1 - P_0 e^{r(t_1-t_0)} \simeq \Delta C_{0,1} - \delta_0 \Delta S_{0,1} - r P_0 \Delta t_{0,1}$$

avec $\Delta t_{0,1} = t_1 - t_0$, $\Delta S_{0,1} = S_1 - S_0$ et $\Delta C_{0,1} = C_1 - C_0$.

La formule de Taylor donne, avec les notations naturelles des grecques de l'option,

$$\Delta C_{0,1} \simeq \theta_0 \Delta t_{0,1} + \delta_0 \Delta S_{0,1} + \frac{1}{2}\Gamma_0 \left(\Delta S_{0,1}\right)^2$$

Ainsi,

$$\Delta P_{0,1} \simeq \theta_0 \Delta t_{0,1} + \frac{1}{2}\Gamma_0 \left(\Delta S_{0,1}\right)^2 - r P_0 \Delta t_{0,1}$$

D'autre part, d'après l'équation différentielle satisfaite par les grecques de l'option dans le modèle de Black-Scholes[1], on a, où σ_0 est la volatilité implicite du call acheté en 0 :

$$\theta_0 + \frac{1}{2}\Gamma_0 (S_0 \sigma_0)^2 = r P_0 \tag{9.1}$$

soit

$$\theta_0 = r P_0 - \frac{1}{2}\Gamma_0 (S_0 \sigma_0)^2$$

Donc, en injectant cette valeur pour le thêta on trouve

$$\Delta P_{0,1} \simeq \frac{1}{2}\Gamma_0 \left(\Delta S_{0,1}\right)^2 - \frac{1}{2}\Gamma_0 (S_0 \sigma_0)^2 = \frac{1}{2}\Gamma_0 S_0^2 \left[\left(\frac{\Delta S_{0,1}}{S_0}\right)^2 - \sigma_0^2 \Delta t_{0,1}\right]$$

Cela peut se réécrire

$$\Delta P_{0,1} \simeq \frac{1}{2}\Gamma_0 S_0^2 \Delta t_{0,1} \left[\frac{1}{\Delta t_{0,1}}\left(\frac{\Delta S_{0,1}}{S_0}\right)^2 - \sigma_0^2\right] \tag{9.2}$$

Le profit sur une période de temps d'une stratégie de couverture en delta neutre dépend donc essentiellement d'un terme proportionnel au gamma de l'option et d'une différence dont les deux termes dépendent :

- du carré de la volatilité réalisée sur une période de temps,
- du carré de la volatilité implicite achetée en début de période.

Or on a vu que σ_0 est la volatilité implicite annuelle du sous-jacent S. $\sigma_0\sqrt{\Delta t_{0,1}}$ est donc, dans le modèle de Black-Scholes, la volatilité implicite anticipée sur l'unité de temps, par exemple 1 jour, soit 1/256 an. Le terme entre crochet compare donc la variation anticipée par le marché à travers l'option et celle que l'opérateur réalise effectivement par ses interventions. Ici, le market-maker est acheteur de volatilité (ou gamma positif),

[1] Le prix d'une option C vérifie en effet l'EDP $rS\frac{\partial C}{\partial S} + \frac{\partial C}{\partial t} + \frac{1}{2}\sigma^2 S^2 \frac{\partial^2 C}{\partial S^2} = rC$.

il génère un profit positif si la volatilité qu'il réalise en t_1 est supérieure à celle traduite par la volatilité de l'option.

Remarque

Le terme $\frac{1}{\Delta t_{0,1}}\left(\frac{\Delta S_{0,1}}{S_0}\right)^2$ *est la définition de volatilité (annualisée) réalisée sur une période.*

L'équation peut également se réécrire, cette fois en conservant le thêta et en injectant le gamma :

$$\Delta P_{0,1} \simeq -(\theta_0 - rP_0)\Delta t_{0,1}\left[\frac{1}{\sigma_0^2 \Delta t_{0,1}}\left(\frac{\Delta S_{0,1}}{S_0}\right)^2 - 1\right]$$

Ainsi, on peut définir le mouvement neutre M pour une gestion en delta neutre à partir de la variation ne dégageant aucune perte ou profit :

$$M = \frac{\Delta S_{0,1}}{\sigma_0 S_0 \sqrt{\Delta t_{0,1}}}$$

permettant de réécrire

$$\Delta P_{0,1} \simeq -(\theta_0 - rP_0)\Delta t_{0,1}\,[M^2 - 1]$$

ou encore

$$\Delta P_{0,1} \simeq \frac{1}{2}\Gamma_0 (S_0\sigma_0)^2 \Delta t_{0,1}\,[M^2 - 1]$$

Ce résultat est souvent nommé Gamma P&L.

3. Gestion d'une position en delta neutre

Intuitivement, le market-maker estime le terme $\sigma_0/16$ ($\sqrt{256} = 16$) qui traduit la volatilité quotidienne implicite du contrat optionnel et passe une partie de sa journée à surveiller les mouvements du prix du sous-jacent pour capter à un instant t_1 une variation du prix du sous-jacent qui rend profitable son opération. S'il a acheté l'option, de manière équivalente il a acheté un niveau de volatilité implicite, on dit aussi qu'il est « long volatilité » et le gamma de la stratégie est positif, on dit qu'il est « long gamma ». Pour obtenir un profit positif, il doit donc capter une variation du sous-jacent suffisamment importante de sorte que $M^2 > 1$, soit :

$$\frac{\Delta S_{0,1}}{S_0} > \frac{\sigma_0}{16}$$

Cette inégalité est inversée dans le cas d'une vente d'option car le gamma est alors négatif (on dit aussi « Gamma short »). Ce seuil de volatilité est donc un repère important pour l'opérateur au sein d'une entreprise de market-making.

Supposons maintenant que le market-maker en t_1 ne vend pas mais rebalance son portefeuille afin de retrouver une position risque neutre. En t_1, il faut maintenant détenir

δ_1 titres de prix S_1. La couverture s'ajuste en vendant $(\delta_1 - \delta_0)$ sous-jacent de prix S_1. Le portefeuille d'instruments ajusté s'écrit, toujours à l'instant t_1 :

$$P_1' = C_1 - \delta_1 S_1$$

et la position cash en t_1 vaut (en encaissant le produit de la vente) :

$$-P_0 e^{rt_1} + (\delta_1 - \delta_0)S_1$$

Cette opération équivaut en t_1 à vendre P_1, on encaisse donc le montant $\Delta P_{0,1}$, et à acheter P_1' que l'on emprunte jusqu'au prochain instant t_2. La position cash s'écrit aussi

$$\Delta P_{0,1} - P_1'$$

Autrement dit, on recommence les transactions de l'étape précédent en ayant cette fois en capital (ou en dette) le profit (ou la perte) obtenu en t_1. L'instant suivant en t_2 on obtient donc :

$$\begin{aligned}\Delta P_{0,2} &= P_2 + \left(\Delta P_{0,1} - P_1'\right)e^{r(t_2-t_1)} \\ &= \frac{1}{2}\Gamma_1 S_1^2\left[\left(\frac{\Delta S_{1,2}}{S_1}\right)^2 - \sigma_1^2 \Delta t_{1,2}\right] + \frac{1}{2}\Gamma_0 S_0^2\left[\left(\frac{\Delta S_{1,2}}{S_0}\right)^2 - \sigma_0^2 \Delta t_{0,1}\right]e^{r\Delta t_{1,2}}\end{aligned}$$

Le profit final dépendra donc des points de couverture que l'opérateur aura choisi, et c'est là son véritable métier.

Remarque

Comme l'explique la théorie du modèle de Black-Scholes, la couverture en temps continu réplique parfaitement l'option dans ce cadre. En étendant ce dernier raisonnement, on voit que la couverture en temps continu ne permet pas de générer de P&L. Le market-maker réalise lui une couverture en temps discret, imparfaite du point de vue de la théorie mais indispensable pour créer du profit. Ce gain dépend toutefois de ses anticipations et n'est donc pas sans risque.

Ainsi, dans le cadre du risque en delta neutre, le trading de volatilité ne consiste pas à anticiper les mouvements de volatilité implicite. Un market-maker s'appliquera à utiliser le meilleur modèle de volatilité implicite afin de déterminer les prix du marché. Le modèle permet en effet de prévenir les opportunités d'arbitrages (voire de les détecter sur le marché). À un niveau de prix (ou de volatilité) donné, il estimera l'intérêt d'une opération en fonction de ses anticipations de l'amplitude de variation prix du sous-jacent sur une période (courte) choisie, c'est la volatilité réalisée captée. Au contraire d'une anticipation sur le prix sous-jacent, le sens du mouvement lui est égal, seule l'amplitude l'intéresse.

Remarque

À proprement parler, le market-maker opère sur la variance réalisée et non la volatilité.

Lorsque le trader de volatilité utilise la même volatilité pour un call et un put de même strike et même maturité (sur un même sous-jacent) et applique une gestion en delta neutre, son profit algébrique est identique pour le call couvert ou le put couvert acheté (respectivement vendu). Il est indifférent au sens de variation du prix du sous-jacent, cela se voit sur les équations aux dérivés partielles de Black-Scholes qui sont alors identiques.

Terminons par un exemple. Supposons qu'un trader achète k calls sur un même sous-jacent en t_0 et se couvre en delta neutre puis il décide de vendre une option en t_1, puis une en t_2 et ainsi de suite jusqu'en t_k où l'écart entre chaque date est égal à Δt (par exemple 1 jour). En supposant les taux d'intérêt négligeables, on peut écrire :

En t_0,

$$P_0 = \sum_{i=1}^{k} C_0^k - \sum_{i=1}^{k} \delta_0^k S_0$$

En t_1

$$P_1 = \frac{1}{2}\Gamma_0 S_0^2 \Delta t_{0,1}\left[\frac{1}{\Delta t_{1,0}}\left(\frac{\Delta S_{0,1}}{S_0}\right)^2 - \sigma_0^2\right] + \sum_{i=2}^{k} C_0^k - \sum_{i=2}^{k} \delta_0^k S_0$$

En t_2, (en intégrant la position cash)

$$P_2 = \Delta P_{0,1} + \frac{1}{2}\Gamma_0 S_0^2 \Delta t_{0,2}\left[\frac{1}{\Delta t_{2,0}}\left(\frac{\Delta S_{0,2}}{S_0}\right)^2 - \sigma_0^2\right] + \sum_{i=3}^{k} C_0^k - \sum_{i=3}^{k} \delta_0^k S_0$$

Et donc

$$\Delta P_k = \Delta P_{0,1} + \Delta P_{0,2} + \ldots + \Delta P_{0,k} = \frac{1}{2}\Gamma_0 S_0^2\left[\frac{1}{\Delta t}\sum_{i=1}^{k}\left(\frac{\Delta S_{0,i}}{S_0}\right)^2 - \sigma_0^2\right]$$

La volatilité captée est l'une définition de la volatilité réalisée vue dans la partie I. Cet exemple montre que le trader peut capter toutes sortes de mouvements, ici les k variations du prix du sous-jacent par rapport à un point S_0.

4. Commentaires

Lorsque le market-maker achète un put, le delta est négatif, il achète donc des titres pour atteindre un delta le plus proche de zéro. Si la valeur du titre augmente, le put est en dehors de la monnaie, la valeur absolue de son delta diminue. Moins de titres sont nécessaires pour maintenir le delta nul, il en vend. Lors de l'achat d'un call cette fois, le delta est positif, le market-maker vend donc des titres pour être delta neutre. Si le sous-jacent progresse, le delta du call augmente également et il vend donc encore plus de titres. Ainsi, l'application d'une stratégie longue en options (donc acheteuse de volatilité implicite) provoque l'achat du sous-jacent lorsque son prix a baissé et la vente lorsque son prix a monté : c'est une situation confortable, mais il faut capter une volatilité réalisée suffisante. De plus, la position possède un thêta négatif et souffre en cas de hausse de volatilité implicite. Enfin, la vente de titre ici implique des coûts d'emprunt et expose à une médiocre liquidité (largeur de l'écart bid ask).

Lorsque le market-maker vend un put, le delta est positif, il vend des titres pour se couvrir en delta neutre. Si la valeur du titre augmente, le put est en dehors de la monnaie, la valeur absolue de son delta diminue (se rapproche de 0). Moins de titres à la vente sont nécessaires pour maintenir le delta nul, il rachète des titres. Lors de la vente d'un call, le delta est négatif, le market-maker achète des titres pour obtenir une position delta neutre. Si le sous-jacent progresse, le delta du call augmente et le delta de la position est encore plus négatif. Il faut donc racheter des titres pour maintenir le delta nul. Cette fois, le market-maker vend les titres sur les points bas et les achète sur des points hauts, la couverture coûte donc systématiquement de l'argent et est exposé à un risque de gap (saut du prix du sous-jacent qui empêche de se couvrir au niveau souhaité). En revanche, le thêta positif fait profiter la position à mesure que la maturité se rapproche. Le véga négatif traduit l'exposition à un risque de baisse de volatilité implicite.

Les market-makers opèrent ainsi tous les jours un grand nombre d'opérations sur les actions sous-jacentes des contrats qu'ils animent sur un horizon de temps assez court. S'ils participent ainsi à leur bonne liquidité, leur part de marché en volume, si elle est importante pourra entraîner des mouvements qui ne sont pas toujours bien compris des investisseurs du marché spot qui ont des horizons d'investissement plus long.

En effet, si les « delta hedgers », les acteurs qui se couvrent en delta, sont globalement net longs (acheteurs) d'options, leur activité de couverture poussera la volatilité réalisée à la baisse et ainsi la volatilité implicite diminuera. Ils vendent alors que le titre monte, contrariant ainsi le mouvement acheteur du marché. S'ils sont net courts (vendeurs) d'options, leur activité de couverture poussera la volatilité réalisée à la hausse et ainsi la volatilité implicite augmentera. Ils accentuent la tendance baissière (respectivement haussière) d'un titre car vendeur (respectivement acheteur) d'un titre déjà en baisse (respectivement en hausse). Ces mouvements sont donc des éléments importants du comportement des marchés cash sur lesquels interviennent les gérants de portefeuilles ou les investisseurs institutionnels. Ces derniers ont donc tout intérêt à monitorer les positionnements des markets-makers pour expliquer et tirer bénéfice si possible de cette volatilité additionnelle.

5. Extension du résultat d'une couverture delta neutre

Lorsque nous avons décrit le profit lié à la couverture delta neutre d'une option aux sections précédentes, la fonction prix de celle-ci ne dépendait que du temps et du prix du sous-jacent. Cela n'est juste que si les autres paramètres sont stables sur la période de temps considérée. Ce n'est pas, en général, possible de faire cette approximation pour la volatilité implicite. La variation du portefeuille se généralise directement par :

$$\Delta P_{0,1} \simeq \theta_0 \Delta t_{0,1} + \frac{1}{2}\Gamma_0\left(\Delta S_{0,1}\right)^2 - rP_0\Delta t_{0,1} + \nu_0 \Delta\sigma_{0,1}$$

où ν_0 est le véga de l'option à l'instant initial et $\Delta\sigma_{0,1} = \sigma_1 - \sigma_0$ la variation de volatilité implicite sur la période.

Remarque
Le développement de Taylor du profit sur une période peut s'étendre grâce aux dérivées d'ordres supérieurs ainsi qu'aux dérivées croisées.

D'après ce qui précède, cela peut se réécrire :

$$\Delta P_{0,1} \simeq \frac{1}{2}\Gamma_0(S_0\sigma_0)^2\Delta t_{0,1}\,[M^2-1] + V\left(\frac{\Delta\sigma_{0,1}}{\sigma_0}\right)$$

avec

$$V = \sigma_0 \nu_0$$

qui est une mesure normalisée du véga de l'option.

Au résultat provenant du gamma vient s'ajouter un résultat provenant de l'évolution de la volatilité implicite du sous-jacent, nommé Véga P&L. Pour le market-maker, il est indispensable de piloter également cette composante de son résultat. Toutefois, si le Gamma P&L est quasiment géré contrat par contrat (voir le chapitre 10), le véga est plus généralement piloté au niveau global en agrégeant l'ensemble des expositions en véga accumulées (voir le chapitre 11).

6. Annexe

La prime de l'option est la valeur initiale qui permet de mettre en place une stratégie dynamique, un portefeuille, qui permet de respecter la promesse du contrat optionnel.

Prenons un sous-jacent dont l'évolution du prix est donnée dans le graphique suivant.

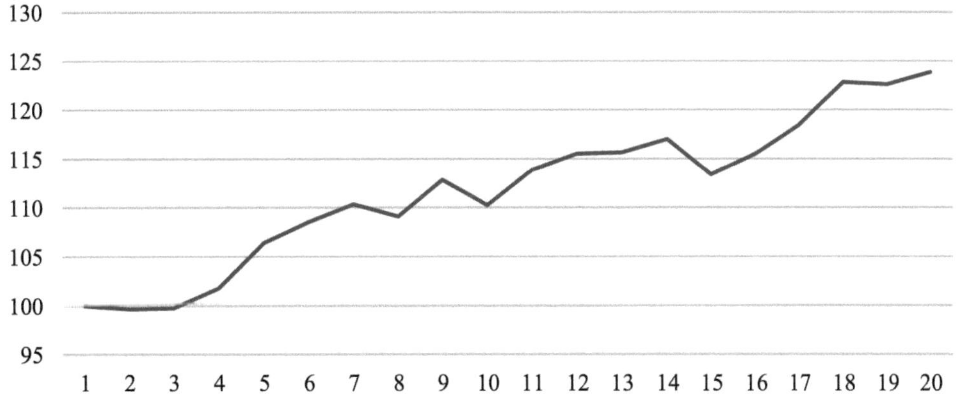

Figure 9-1 Évolution du prix sous-jacent sur un mois (en jours ouvrés)

Sa volatilité réalisée quotidienne moyenne annualisée est de 30%.

Pour illustrer cette gestion en delta neutre, nous simulons la vente d'un call européen à 95% de la monnaie d'échéance 1 mois et appliquons la couverture en delta rebalancée chaque jour. Dans le premier cas, le call à l'initiation de la stratégie est valorisé avec une volatilité implicite valant 130% de la volatilité réalisée et vaut 2,68. Dans le second cas, une volatilité implicite de 80% la volatilité réalisée est utilisée. Le call vaut cette fois 1,09. Le graphique ci-dessous affiche la richesse du vendeur relative au prix du call chaque jour dans les deux scénarios.

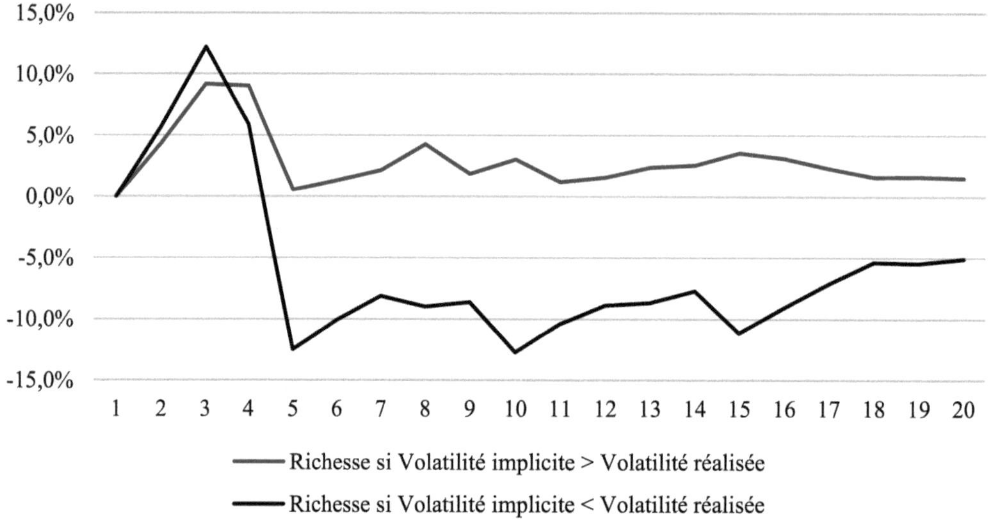

Figure 9-2 Réplication d'une option vendue par gestion en delta neutre

Comme attendu par la théorie, si la prime initiale est insuffisante relativement à la volatilité qui va se réaliser, il ne sera pas possible en pratique de répliquer le payoff de l'option.

Chapitre 10 – Gestion du gamma

Au chapitre 9, le choix crucial de l'instant d'intervention du market-maker a été mis en évidence ainsi que le rôle du gamma dans la gestion delta neutre mise en place par le market-maker.

Dans ce chapitre, plusieurs règles définissant une stratégie de rééquilibrage de la couverture sont proposées. La principale difficulté est de déterminer la meilleure stratégie de rééquilibrage dans un régime de marché donné et en fonction du positionnement du market-maker sur un contrat d'option.

1. Retour sur le profit en gestion delta neutre

Comme vu au chapitre précédent, la position delta neutre reste soumise aux mouvements du prix du sous-jacent par l'influence du gamma durant la vie de l'option. Supposons que nous soyons long d'une telle stratégie, nous sommes ainsi gamma long ou gamma positif (et long de la volatilité implicite ou véga positif).

Prenons un exemple théorique de l'achat d'un call à la monnaie. Pour une même volatilité réalisée (30% dans cet exemple) postérieure à l'achat, nous supposons que deux trajectoires sont possibles pour le prix du sous-jacent, représentées sur la figure 10-1 ci-dessous sur une durée de 20 jours.

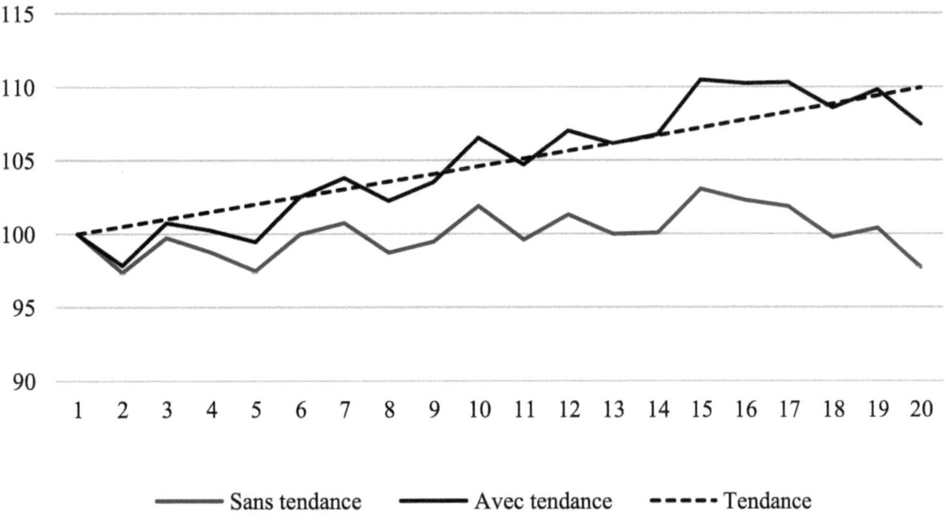

Figure 10-1 Deux trajectoires avec même volatilité réalisée mais tendance différente

Si l'option à la monnaie est gérée chaque jour en delta neutre, pour quelle couverture peut-elle maximiser le profit ? Dans le cas de la trajectoire avec tendance positive, le call devient nettement dans la monnaie, le prix du sous-jacent s'écarte significativement du prix d'exercice. Ainsi le gamma va diminuer, au contraire de la trajectoire sans tendance où le gamma va rester proche de son maximum puisque l'option reste autour de la monnaie. Le résultat dans le cas avec tendance sera donc potentiellement plus faible puisqu'il est directement proportionnel au gamma de l'option.

Ainsi, une gestion delta neutre ne peut se limiter à ajuster la position sur des dates fixées à l'avance. Elle doit s'adapter au contexte de marché de chaque sous-jacent.

Dans le modèle de Black-Scholes, on l'a vu dans le chapitre 9, le Gamma P&L d'un portefeuille delta neutre (construit sur la base d'un sous-jacent S) sur une courte période Δt est :

$$\varDelta P \simeq \theta \varDelta t + \varGamma \frac{(\varDelta S)^2}{2}$$

où $\varDelta S$ est la variation du sous-jacent au cours de la période Δt, θ et Γ sont respectivement le thêta et le gamma du portefeuille.

Remarque

Nous négligeons le taux d'intérêt dans cette écriture, mais ceci pourra être réécrit avec $\theta' = \theta - rP$ à la place de θ dans l'expression ci-dessus, P étant la valeur monétaire du portefeuille (et le non le portefeuille d'instruments). Cela ne modifie pas l'analyse qui suit.

Afin de montrer pourquoi le rééquilibrage est un problème important, nous considérons l'exemple suivant.

Notons S_0, S_1, S_2 les prix aux instants $t_0 = 0, t_1 = 1, t_2 = 2$ du sous-jacent S. Dans un premier cas, nous supposons que $S_0 < S_1 < S_2$, puis que $S_0 = S_2 < S_1$ dans un second cas. Nous commençons avec un portefeuille delta neutre sans tenir compte du temps pour le moment.

Si nous couvrons notre portefeuille entre les instants 0 et 2, le résultat (le P&L) généré est :

$$\varGamma \frac{(S_2 - S_0)^2}{2}$$

qui s'écrit :

$$\varGamma \frac{(S_1 - S_0)^2}{2} + \varGamma \frac{(S_2 - S_1)^2}{2} + \varGamma (S_2 - S_1)(S_1 - S_0)$$

Le premier terme provient du résultat généré entre les instants t_0 et t_1 par le portefeuille delta neutre, le second terme provient d'une couverture delta neutre à l'instant t_1 et du résultat généré entre t_1 et t_2. Le troisième terme est positif dans notre premier cas et négatif dans le second. Cela signifie que dans la première situation de marché, nous devons nous couvrir une fois, mais, dans la seconde, nous couvrir deux fois, la deuxième opération en t_1. Bien sûr, à l'instant t_1, il est impossible de prévoir si le sous-jacent va poursuivre sa hausse (premier cas), ou bien reculer (second cas). C'est une autre manière de concevoir le métier de l'opérateur qui devra se forger une opinion sur les mouvements du prix du sous-jacent.

En explicitant des règles systématiques de rééquilibrage, nous pouvons comparer leur résultat et suggérer de les sélectionner en fonction du régime de marché afin d'améliorer le profit. La section suivante présente des stratégies qui définissent différents timings d'intervention du market-maker sur sa stratégie de couverture.

2. Stratégies de rééquilibrage

Toutes les stratégies démarrent par un portefeuille delta neutre. Soit C_0 le prix d'un portefeuille d'options à l'instant t_0 avec delta δ_0. Si S_0 est le prix du sous-jacent, le portefeuille couvert en delta est $P_0 = C_0 - \delta_0 S_0$.

Le résultat final est la somme des profits et pertes réalisés à chaque instant de rééquilibrage.

1. Stratégie Close to close

Par close to close, nous entendons une stratégie où le rééquilibrage se fait chaque jour en cours de clôture du prix du sous-jacent. Ici S_0 est donc le dernier prix de la première journée. Nous commençons par P_0. Le prochain prix du rééquilibrage est S_1, c'est-à-dire le dernier prix du lendemain, S_2 est le dernier prix du jour d'après, et ainsi de suite. La stratégie est décrite par :

À t_0 nous achetons le portefeuille d'actifs P_0 qui coûte P_0 €. La valeur initiale de l'ensemble de notre portefeuille est de zéro.

À t_1, le portefeuille vaut $C_1 - \delta_0 S_1$ et le résultat est :

$$\Delta P_1 = \theta + \Gamma \frac{\left(\Delta S_{0,1}\right)^2}{2}$$

avec θ le thêta quotidien (ajusté des intérêts comme indiqué dans la remarque précédente) perdu dès le début du jour suivant, $\Delta t = 1$ jour et $\Delta S_{0,1} = S_1 - S_0$. À ce moment-là, nous rééquilibrons le portefeuille en « achetant » $(\delta_1 - \delta_0)$ actions au prix S_1 qui coutent $(\delta_1 - \delta_0)S_1$. Le nouveau portefeuille d'actifs s'écrit :

$$P_1 = C_1 - \delta_1 S_1$$

et la position de trésorerie est $-(C_0 - \delta_0 S_0) - (\delta_1 - \delta_0)S_1$.

À l'instant t_2, le portefeuille vaut $C_2 - \delta_1 S_2$ and le résultat est alors :

$$\Delta P_2 = \Delta P_1 + \theta + \Gamma \frac{\left(\Delta S_{1,2}\right)^2}{2}$$

2. Stratégie Open to open

C'est la même de stratégie, mais nous utilisons le premier prix de la journée au lieu du dernier. Nous commençons au même moment avec le même portefeuille que la stratégie close to close. Les mathématiques sont les mêmes, seules les valeurs des prix seront modifiées.

3. Stratégie Open to close

Encore une fois la même stratégie, mais nous utilisons le premier et le dernier prix de chaque jour, le résultat est donc plus segmenté, mais sa formulation est similaire.

4. Stratégie Thêta payé

Par thêta « payé », on entend une stratégie où le rééquilibrage se fait une fois que les variations du sous-jacent ont remboursé le thêta du portefeuille d'options. Ainsi, le premier instant de rééquilibrage est t_1 est tel que le prix en t_1, S_1, est le premier prix qui satisfait

$$\theta + \Gamma \frac{(\Delta S_{0,1})^2}{2} \geq 0$$

De plus, nous rééquilibrons également la position au cours de clôture S_2 à l'instant t_2. Il y a donc au maximum deux rééquilibrages par jour et au moins un. Dans notre notation, un indice impair sert à rééquilibrer en cours de journée (si nécessaire) et les indices pairs servent à couvrir au dernier prix de la journée. S'il n'y a pas de rééquilibrage dans la journée, la stratégie est identique à celle nommée « close to close ». Le résultat s'écrit :

$$\Delta P_1^0 = \theta + \Gamma \frac{(\Delta S_{0,1})^2}{2}$$

$$\Delta P_2^0 = \Delta P_1^0 + \Gamma \frac{(\Delta S_{1,2})^2}{2}$$

$$\Delta P_3^0 = \Delta P_2^0 + \theta + \Gamma \frac{(\Delta S_{2,3})^2}{2}$$

$$\Delta P_4^0 = \Delta P_3^0 + \Gamma \frac{(\Delta S_{3,4})^2}{2}$$

et ainsi de suite, où nous pouvons avoir $\Delta S_{2p,2p+1} = 0$ si le thêta n'est jamais payé la journée $p + 1$. Nous remarquons également que si $\Delta S_{2p,2p+1} \neq 0$ nous avons

$$\theta + \Gamma \frac{(\Delta S_{2p,2p+1})^2}{2} \simeq 0$$

qui découle de la définition de la stratégie.

5. Demi-point neutre

Dans la stratégie précédente, le point neutre (ou breakeven) était le prix S_1 tel que

$$\theta + \Gamma \frac{(\Delta S_{0,1})^2}{2} = 0$$

soit $|\Delta S_{0,1}| = \sqrt{\frac{-2\theta}{\Gamma}}$.

Le demi-point neutre est alors le prix S_1 tel que $|\Delta S_{0,1}| = \frac{1}{2}\sqrt{\frac{-2\theta}{\Gamma}} = N$. N est constant pendant la période d'étude. Nous définissons également une règle de décalage en posant $L = xS_0$ où x est en pourcentage ($x = 0{,}2\%$ par exemple).

Commençant par le portefeuille delta neutre P_0, si à l'instant t_2 nous avons une variation $|\Delta S_2^0| = L + N$ nous rééquilibrons la position en nous couvrant au niveau S_1 tel que $|\Delta S_1^0| = L$ avec $S_1 \in [S_0, S_2]$ (ou bien $[S_2, S_0]$). C'est-à-dire que nous utilisons la valeur de delta δ_1 à l'instant t_2. Cette stratégie nous permet de suivre les mouvements de prix pas trop rapidement : nous restons à N du prix avec une marge de L. Si $L = 0$ nous devrions continuellement rééquilibrer lorsque la variation est supérieure N.

Décrivons le résultat de la stratégie. Comme précédemment, nous commençons par le portefeuille P_0 qui vaut P_0. Soit S_2 le premier niveau de prix tel que

$$|\Delta S_{0,2}| \geq L + N$$

À cet instant, le portefeuille vaut $C_2 - \delta_0 S_2$ et le résultat entre t_0 et t_4 est

$$\Delta P_{0,2} = \Gamma \frac{(\Delta S_{0,2})^2}{2}$$

(Le thêta sera pris en compte à la fin de la journée). Ici, nous rééquilibrons notre portefeuille en utilisant δ_1 qui est connu pour le niveau S_1 tel $|\Delta S_{0,1}| = L$. Le portefeuille devient $C_2 - \delta_1 S_2$ et la position de trésorerie est :

$$-(C_0 - \delta_0 S_0) - (\delta_0 - \delta_1) S_2$$

Si à l'instant $t_4 > t_2$, S_4 est le premier prix tel que $|\Delta S_{1,4}| \geq L + N$. La valeur du portefeuille est $C_4 - \delta_1 S_4$. Le résultat entre t_0 et t_4 s'écrit :

$$\Delta P_{0,4} = \Delta P_{0,2} + \Delta P_{2,4}$$

où

$$\begin{aligned}
\Delta P_{2,4} &= (C_4 - \delta_1 S_4) - (C_2 - \delta_1 S_2) \\
&= (C_4 - \delta_2 S_4 + \delta_2 S_4 - \delta_1 S_4) - (C_2 - \delta_2 S_2 + \delta_2 S_2 - \delta_1 S_2) \\
&= \Gamma \frac{(\Delta S_{2,4})^2}{2} + (\delta_2 - \delta_1)(S_4 - S_2) \\
&= \Gamma \frac{(\Delta S_{2,4})^2}{2} + \Gamma (S_2 - S_1)(S_4 - S_2)
\end{aligned}$$

puisque l'on a $\Gamma = \frac{\delta_2 - \delta_1}{S_2 - S_1}$.

De plus, $(S_2 - S_1) \simeq N$ (si $S_2 > S_1 > S_0$, $-N$ si $S_2 < S_1 < S_0$).

Remarque

Notons que $(S_2 - S_1)$ *et* $(S_4 - S_2)$ *pourraient avoir un signe différent. Par exemple, supposons que nous commençons par* $S_0 = 25000$ *avec* $N = 250$ *et* $L = 50$. *Le prix peut donc fluctuer entre* 24701 *et* 25299 *sans rééquilibrage. Si* $S_2 = 25300$, *nous couvrons avec* $S_1 = 25050$. *Le prix peut maintenant fluctuer entre* 24751 *and* 25349. *Si* $S_4 = 24750$ *nous couvrons avec le niveau* $S_3 = 25000$. *Ici* $(S_2 - S_1) = 250$ *et* $(S_4 - S_2) = -550$.

À l'instant t_4 nous couvrons également le portefeuille au prix S_3 de sorte que $|\Delta S_{1,3}| = L$. Le portefeuille devient $C_4 - \delta_3 S_4$ et la position de trésorerie est :

$$-(C_0 - \delta_0 S_0) - (\delta_0 - \delta_1)S_2 - (\delta_1 - \delta_3)S_4$$

Avec S_5 le cours de clôture, nous couvrons totalement le portefeuille. Le résultat est

$$\Delta P_{0,5} = \theta + \Delta P_{0,2} + \Delta P_{2,4} + \Delta P_{4,5}$$

avec

$$\Delta P_{4,5} = (C_5 - \delta_3 S_5) - (C_4 - \delta_3 S_4) = \Gamma \frac{\left(\Delta S_{4,5}\right)^2}{2} + \Gamma(S_4 - S_3)(S_5 - S_4)$$

Remarque

On peut aussi écrire

$$\Delta P_{0,5} = \theta + \Gamma \frac{\left(\Delta S_{0,5}\right)^2}{2} + \Gamma(S_0 - S_1)(S_5 - S_2) + \Gamma(S_1 - S_3)(S_5 - S_2)$$

Si $S_0 < S_1 <..< S_5$ *nous sommes dans un marché haussier. Dans ce cas, cette stratégie donnera un résultat inférieur à la stratégie close to close.*

Le lendemain commence avec le portefeuille $(C_5 - \delta_5 S_5)$ et la trésorerie vaut :

$$-(C_0 - \delta_0 S_0) - (\delta_0 - \delta_1)S_2 - (\delta_1 - \delta_3)S_4 - (\delta_3 - \delta_5)S_5$$

6. Stratégie Mouvement du marché

Ici, nous rééquilibrons le portefeuille selon la cible requise (pour le rendre neutre en delta) chaque fois que le marché a évolué d'un pourcentage prédéfini depuis la dernière date de rééquilibrage.

Soit x ce pourcentage. Si nous commençons par P_0, nous rééquilibrons au prix S_1 telle que $|S_1 - S_0| = xS_0$. Les détails du résultat sont très similaires à ceux de la stratégie « close to close ». Seul le choix des instants de rééquilibrage (le timing) est différent. Le prochain rééquilibrage se fait au prix S_2 tel que $|S_2 - S_1| = xS_1$. Nous couvrons également au dernier prix de la journée. La construction du résultat est identique à celle de la stratégie close to close.

7. Stratégie demi-point neutre avec volatilité

Le point neutre que nous définissons ici dépend de la volatilité implicite. Nous estimons les variations journalières du sous-jacent par :

$$\Delta S = \frac{\sigma}{\sqrt{256}} S$$

où S est le prix au comptant, σ sa volatilité implicite et 256 le nombre de jours dans une année. Le demi-point neutre (demi breakeven) est ici $\frac{1}{2}\Delta S = N$ et se redéfinit chaque jour avec le premier prix du jour. Nous définissons également une marge L. Sauf le nouveau calendrier dû à N et L, le résultat de la stratégie est similaire à celle avec en thêta.

8. Stratégie de couverture partielle

On garde la même approche que la dernière mais lorsque le point neutre est touché au prix S_1, nous couvrons partiellement à ce niveau. Précisément, si nous commençons avec un portefeuille delta neutre P_0 et si au niveau S_1, la couverture doit être faite avec un ajustement de $-(\delta_1 - \delta_0)$ sous-jacents, nous ajustons uniquement avec la quantité $-(\delta_1 - \delta_0)k$ où k est inférieur à 1, par exemple $1/2$ or $2/3$. Nous couvrons également (totalement) en clôture de journée.

Si on couvre en S_1, le résultat est $\Delta P_{0,1} = \Gamma \frac{(\Delta S_{0,1})^2}{2}$.

Le portefeuille s'écrit $C_1 - \delta_0 S_1$ avec le montant en trésorerie de $-(C_0 - \delta_0 S_0)$. Avec le rééquilibrage, le portefeuille devient $C_1 - [\delta_1 k + \delta_0(1-k)]S_1$ et la position de trésorerie est maintenant $-(C_0 - \delta_0 S_0) - (\delta_0 - \delta_1)kS_1$. Au cours de clôture S_2 (où nous couvrons totalement) le résultat est :

$$\begin{aligned}\Delta P_{0,2} &= C_2 - [\delta_1 k + \delta_0(1-k)]S_2 - (C_0 - \delta_0 S_0) - (\delta_0 - \delta_1)kS_1 \\ &= C_2 - \delta_0(1-k)S_2 - \delta_0 kS_2 + \delta_0 kS_2 - \delta_1 kS_2 - (C_0 - \delta_0 S_0) - (\delta_0 - \delta_1)kS_1 \\ &= \Gamma \frac{(\Delta S_{0,2})^2}{2} + (\delta_0 - \delta_1)k(S_2 - S_1) \\ &= \Gamma \frac{(\Delta S_{0,2})^2}{2} + \Gamma k(S_0 - S_1)(S_2 - S_1)\end{aligned}$$

Nous avons également

$$\Delta P_{0,2} = \Delta P_{0,1} + \Delta P_{1,2}$$

où

$$\begin{aligned}\Delta P_{1,2} &= C_2 - [\delta_1 k + \delta_0(1-k)]S_2 - (C_1 - [\delta_1 k + \delta_0(1-k)]S_1) \\ &= C_2 - \delta_1 S_2 + \delta_1(1-k)S_2 - \delta_0(1-k)S_2 \\ &\quad - (C_1 - [\delta_1 - \delta_1(1-k) + \delta_0(1-k)]S_1) \\ &= \Gamma \frac{(\Delta S_{1,2})^2}{2} + \Gamma(1-k)(S_1 - S_0)(S_2 - S_1)\end{aligned}$$

3. Tests de stratégies

Nous testons les stratégies en fonction de leurs profits algébriques obtenus dans différents régimes de marché. Ces résultats permettent de valider notre mise en œuvre, éventuellement en complétant qualitativement avec l'intuition du market-maker sur la performance de chaque stratégie. Ces régimes sont bien sûr complétement théoriques.

Le prix initial est de 1000 €. La stratégie est appliquée pendant 45 jours avec un prix du sous-jacent observé toutes les 10 minutes. Nous avons fixé les grecques de la position initiale. Le thêta vaut $\theta = -100$ €, la volatilité est de 20% pour un prix initial de 100€. Par conséquent, le gamma est approximé par (si une année compte 256 jours)

$$\Gamma = \frac{-2\theta * 256}{\sigma^2 S^2}$$

Les régimes théoriques de marchés sont les suivants :

High Bull Market (HBuM) : Le prix augmente linéairement avec une pente positive élevée. Le prix augmente de 0,05€ à chaque étape.

Low Bull Market (LBuM) : Le prix augmente linéairement avec une faible pente positive. Le prix augmente de 0,01€ à chaque étape.

High Bear Market (HBeM) : Le prix évolue linéairement avec une pente négative élevée. Le prix baisse de 0,05€ à chaque étape.

Low Bear Market (LBeM) : Les prix évoluent linéairement avec une forte pente négative. Le prix baisse de 0,01€ à chaque étape.

High Range Market (HRM) : Nous décrivons un marché théorique par les mouvements de prix suivants. Au cours d'une journée, le prix commence à augmenter (linéairement avec une pente élevée) jusqu'à un certain niveau (101€), reste à ce niveau pendant un moment, puis commence à baisser jusqu'au niveau de départ (100€). Il reste à ce niveau pendant un moment, puis commence à descendre à un certain niveau (symétrique à l'autre, 99€), reste à ce niveau pendant un certain temps, puis croît jusqu'au prix d'ouverture (100€).

Low Range Market (LRM) : Similaire avec une faible pente. Prix plus élevé à 100,5€, plus bas à 99,5€.

Les résultats figurent dans le tableau ci-dessous.

Régime	Close to Close	Open to Open	Open to Close	Thêta payé	Thêta 1/2 payé point neutre	Variation du sous-jacent de 1% / de 0,5%	Volatilité 1/2 point neutre	Couverture partielle
HBuM	13 223	12 877	12 648	6 160	13 223	13 223	13 223	13 223
LBuM	– 1 854	– 1 858	– 1 860	– 1 854	– 1 854	– 1 854	– 1 854	– 1 854
HbeM	13 223	12 877	12 648	6 160	13 223	13 223	13 223	13 223
LBeM	– 1 854	– 1 858	– 1 860	– 1 854	– 1 854	– 1 854	– 1 854	– 1 854
HRM	– 2 006	– 1 994	– 880	2 499	71 210	123 024 / 61 072	– 2 006	– 2 006
LRM	– 2 006	– 2 003	– 1 725	2 499	– 2 006	– 2 006 / 29 251	– 2 006	– 2 006

Les résultats dans le marché haussier et baissier sont identiques, ce qui est cohérent avec une stratégie delta neutre indifférente à la direction du sous-jacent.

Dans les marchés bas, les pertes et profits négatifs s'expliquent par les faibles variations qui impliquent que stratégie de gestion n'arrive pas à atteindre le thêta de la position.

Dans tous les cas les stratégies réagissent comme attendue dans des marchés types.

4. Application pour une option sur action

Dans ce cas, nous utilisons les prix d'une action sur deux mois. L'intervalle de temps entre deux prix est de 10 minutes, soit 2288 cotations, 52 cotations par jour de 9h à 17h30. Le graphique ci-dessous représente l'évolution du prix rebasé à 100.

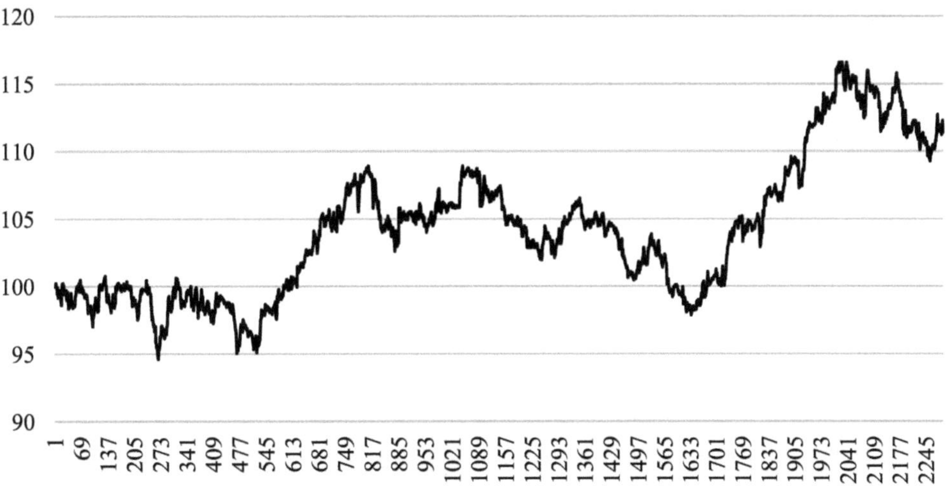

Figure 10-2 Historique de deux mois de cotations intra journalières d'une action

À l'initiation de la position supposée acheteuse, la volatilité σ est d'environ 35% et nous supposons une position avec 100 € par jour de thêta. Le gamma correspondant pour une position acheteuse est donné comme ci-dessus.

Nous simulons cette même position avec des niveaux de volatilités implicite supérieur (45%) et inférieur (25%), les mouvements du prix sous-jacent restant identiques. La volatilité historique, déterminée à partir des cotations toutes les dix minutes sur les deux mois d'étude, vaut environ 38%. Les résultats sont présentés (toujours sans frais) dans le tableau ci-dessous :

Volatilité implicite	Close to Close	Open to Open	Open to Close	Thêta payé	Thêta 1/2 payé point neutre	Variation du sous-jacent de 1% / de 0,5%	Volatilité 1/2 point neutre	Couverture partielle
35%	– 5 213	– 6 080	– 5 210	5 439	4 153	9902 / 11 028	3 070	1 949
25%	3 275	3 104	3 276	4 478	5 261	6 266 / 6 489	4 915	4 693
45%	– 2 029	– 2 082	– 2 029	– 1 482	– 1 610	1 105 / – 1 036	– 1 528	– 1 591

Dans tous les cas, sur les jours de trading retenus, la stratégie open to open est la moins performante alors que la stratégie « variation du sous-jacent » surperforme. On observe également que lorsque la volatilité de la position achetée est élevée à 45%, il est rare de trouver une stratégie générant un profit positif. En effet, sur la période on peut estimer la volatilité réalisable à la volatilité historique qui n'est que de 38%, sensiblement inférieure au niveau de volatilité implicite achetée. Il est donc difficile pour l'opérateur d'aller capter une volatilité supérieure à 45% qui lui permettrait d'obtenir un résultat positif, ceci conformément à ce qui a été déjà vu au chapitre 9.

5. Application à un panier d'options

Ce type de calculs sur courte période peut s'étendre au panier de contrats optionnels portant sur les sous-jacents dont l'opérateur a la responsabilité. Dans ce cas, nous utilisons les prix intra journaliers sur une période de 10 jours. L'intervalle de temps entre deux prix est toujours de 10 minutes. Le résultat de chaque stratégie est calculé pour 12 sous-jacents actions.

Résultat	Close to Close	Open to Open	Open to Close	Thêta payé	Thêta 1/2 payé point neutre	Variation du sous-jacent de 1% / de 0,5%	Volatilité 1/2 point neutre	Couverture partielle
Action 1	– 649	– 826	– 460	– 380	– 399	– 218	– 390	– 513
Action 2	– 600	– 805	– 601	– 494	– 462	– 293	– 462	– 547
Action 3	1 054	2474	2041	1215	970	692	905	1 114
Action 4	– 568	– 386	– 436	– 625	– 529	– 399	– 535	– 592
Action 5	– 315	– 511	– 151	– 134	– 222	– 218	– 192	– 224
Action 6	97	– 168	– 105	1327	134	959	134	722
Action 7	388	183	103	280	223	422	223	390
Action 8	734	40	29	395	526	27	533	589
Action 9	744	– 18	405	414	178	127	203	539
Action 10	– 452	– 417	– 271	– 235	– 234	21	– 221	– 279
Action 11	472	– 44	– 3	94	235	– 36	234	283
Action 12	30	– 570	– 284	– 238	– 106	– 37	– 98	– 42

Nous ajoutons le nombre d'opérations associées à chaque technique, cela permet de prendre compte des frais transactions dans un second temps d'analyse. C'est un point pratique important qui écartera certaines stratégies.

Nombre d'opérations	Close to Close	Open to Open	Open to Close	Thêta payé	Thêta 1/2 payé point neutre	Variation du sous-jacent de 1% / de 0,5%	Volatilité 1/2 point neutre	Couverture partielle
Action 1	10	10	20	13	21	66	21	13
Action 2	10	10	20	13	19	52	19	13
Action 3	10	10	20	14	72	136	63	13
Action 4	10	10	20	13	21	56	21	13
Action 5	10	10	20	16	28	63	29	16
Action 6	10	10	20	18	43	101	42	18
Action 7	10	10	20	14	32	60	32	14
Action 8	10	10	20	18	60	101	56	17
Action 9	10	10	20	15	48	103	47	15
Action 10	10	10	20	14	28	79	28	14
Action 11	10	10	20	15	45	90	44	15
Action 12	10	10	20	14	30	74	30	14

Enfin nous complétons avec la volatilité capturée dans chaque approche, en rappelant la volatilité implicite achetée dans cette simulation.

Volatilité réalisée	Close to Close	Open to Open	Open to Close	Thêta payé	Thêta 1/2 payé point neutre	Variation du sous-jacent de 1% / de 0,5%	Volatilité 1/2 point neutre	Couverture partielle	Volatilité implicite
Action 1	17	11	22	23	27	26	27	23	28
Action 2	18	13	18	20	23	23	23	20	27
Action 3	116	165	138	106	87	91	95	105	87
Action 4	22	26	24	20	25	25	24	20	32
Action 5	28	24	30	31	28	28	28	31	32
Action 6	46	36	41	68	60	61	60	68	46
Action 7	34	31	29	32	33	33	33	33	28
Action 8	51	37	38	45	42	39	41	46	41
Action 9	52	36	47	46	41	43	40	45	44
Action 10	26	26	29	30	32	34	33	32	33
Action 11	45	34	37	38	41	36	41	38	38
Action 12	32	19	26	27	26	30	26	29	32

C'est une façon pour les market-maker, bien que les performances passées ne préjugent jamais des performances futures, de comparer à la fois les stratégies de rebalancement et de visualiser rapidement les possibilités de réalisation de volatilité.

Par exemple, pour les actions dont les résultats sont négatifs quel que soit la gestion de la couverture, cela incite à privilégier les opérations vendeuses de volatilité. Autrement dit, le prix de vente proposé pourra être plus compétitif (ou encore plus proche du prix modèle) que le prix d'achat afin d'augmenter ponctuellement sa part de marché, car en effet, il est confiant dans sa possibilité de saisir une volatilité plus faible que celle qu'il peut vendre.

Les stratégies de couverture pourront ainsi être testées par les market-makers dans des situations très différentes leur permettant de se doter d'une grille de lecture complémentaire des marchés à l'aide de simulations, en particulier, lors de changement de régime de marché sur un ou plusieurs des sous-jacents négociés. Les stratégies effectivement mises en œuvre par les opérateurs pourront être ainsi plus rapidement ajustée lors de ces phases délicates.

6. Commentaires

La gestion delta neutre exposée est l'activité courante du market-maker. Elle est simple à mettre en œuvre avec le modèle de Black-Scholes pour les options vanilles. Cette simplicité vient de la constance du signe du gamma de l'option. Pour le structureur, c'est encore plus simple, il lui suffit de prendre une marge sur la volatilité utilisée pour déterminer le prix de vente d'une option portée par l'acheteur jusqu'à maturité le plus souvent. Le structureur anime seul le marché de son produit d'investissement, c'est un énorme avantage.

Lorsque l'opérateur vend une combinaison d'option vanilles, par exemple un put spread qui est l'achat d'un put de strike K^1 adossé à la vente d'un put de strike $K^2 < K^1$, il peut décider de gérer option par option (le cas plus général qui permet d'industrialiser cette gestion) ou de gérer la combinaison. Dans le premier cas c'est la gestion classique dans le modèle de Black-Scholes. Pour l'option vendue de strike K^1 et de volatilité σ^1, le profit s'écrit :

$$\Delta P^1 \simeq -\frac{1}{2}\Gamma^1(S)^2\Delta t\left[\frac{1}{\Delta t}\left(\frac{\Delta S}{S}\right)^2-(\sigma^1)^2\right]$$

Pour l'option achetée de strike K^2 et de volatilité $\sigma^2 < \sigma^1$, le résultat est cette fois :

$$\Delta P^2 \simeq \frac{1}{2}\Gamma^2(S)^2\Delta t\left[\frac{1}{\Delta t}\left(\frac{\Delta S}{S}\right)^2-(\sigma^2)^2\right]$$

Au global, la combinaison des deux options délivre le profit suivant :

$$\Delta P \simeq \frac{1}{2}(S)^2\left\{[\Gamma^1(\sigma^1)^2-\Gamma^2(\sigma^2)^2]\,\Delta t-[\Gamma^1-\Gamma^2]\left(\frac{\Delta S}{S}\right)^2\right\}$$

Si S est entre K^1 et K^2 alors on a (environ) $\Gamma^1 \simeq \Gamma^2$ ainsi

$$\Delta P \simeq \frac{1}{2}(S)^2\,[\Gamma^1(\sigma^1)^2 - \Gamma^2(\sigma^2)^2]\Delta t$$

Si $\Gamma^2 \simeq 0$ ou $\Gamma^1 \gg \Gamma^2$, on aura $\Delta P \simeq \Delta P^1$ et si $\Gamma^1 \simeq 0$ ou $\Gamma^1 \ll \Gamma^2$, $\Delta P \simeq \Delta P^2$.

Dans la seconde approche, puisque le payoff est concave (ou de convexité négative) ou convexe (de convexité positive) selon le prix spot du sous-jacent, la prime de la stratégie change également de convexité selon le niveau du sous-jacent. Ainsi, le gamma de la stratégie change de signe de la même façon. Au chapitre 6, nous avons présenté le modèle à volatilité incertaine d'Avellaneda qui évalue une stratégie optionnelle selon le signe du gamma.

Dans ce modèle, l'opérateur choisit deux volatilités $\underline{\sigma}$ et $\overline{\sigma}$ telles que $\underline{\sigma} < \sigma^2 < \sigma^1 < \overline{\sigma}$ et le prix de la stratégie a un gamma noté ici γ. Le profit de la stratégie delta neutre avec ce modèle dépend du signe de γ et s'écrit :

$$\widehat{\Delta P} = -\frac{1}{2}\gamma(S)^2\Delta t\left[\frac{1}{\Delta t}\left(\frac{\Delta S}{S}\right)^2 - (\overline{\sigma})^2 1_{\gamma\geq 0} - (\underline{\sigma})^2\, 1_{\gamma<0}\right]$$

Lorsque le gamma est positif, on est dans une situation similaire à $\Gamma^1 \gg \Gamma^2$ et le profit se réduit à

$$\widehat{\Delta P} = -\frac{1}{2}\gamma(S)^2\Delta t\left[\frac{1}{\Delta t}\left(\frac{\Delta S}{S}\right)^2 - (\overline{\sigma})^2\right]$$

Quand le gamma est négatif, on a

$$\widehat{\Delta P} = -\frac{1}{2}\gamma(S)^2\Delta t\left[\frac{1}{\Delta t}\left(\frac{\Delta S}{S}\right)^2 - (\underline{\sigma})^2\right]$$

Dans les deux cas, le profit sera positif si la volatilité réalisée vérifie :

$$\underline{\sigma} < \frac{1}{\sqrt{\Delta t}}\frac{\Delta S}{S} < \overline{\sigma}$$

La gestion est donc plus sereine, en particulier lorsque le gamma est important, car la distance au niveau de volatilité qui neutralise le profit est plus grande. Le thêta est mieux compensé ce qui évite un coût élevé dans la zone de volatilité $[\underline{\sigma}, \overline{\sigma}]$.

Chapitre 11 – Véga d'un book d'options

Le véga d'une option mesure la sensibilité de celle-ci à une variation donnée de volatilité implicite du sous-jacent pour une l'échéance du contrat optionnel considéré. L'accumulation de positions optionnelles acheteuses ou vendeuses par un market-maker (son book) oblige à synthétiser, pour un sous-jacent donné, cette sensibilité à la volatilité. Le véga d'un portefeuille d'options est en effet une mesure essentielle de la gestion de position d'un market-maker puisque tout mouvement de volatilité implicite fait instantanément varier le profit à venir du market-maker.

1. Calcul standard

Dans le cadre du modèle de Black-Scholes, le calcul du véga suppose en particulier des fluctuations identiques pour toutes les volatilités implicites, c'est-à-dire des déplacements parallèles de toute la courbe quel que soit le prix d'exercice et l'échéance du contrat.

Soit v^i le véga d'une option sur le sous-jacent S, q^i désigne la quantité d'option (q^i est négatif en cas de vente). Le véga d'une position est calculé en première approche comme

$$Véga = \sum_{i=1}^{N} q^i v^i$$

où N est le nombre de contrats optionnels sur le sous-jacent S (décrits par prix d'exercice et maturité) détenus en portefeuille. Le risque de véga ou Véga Risk est la variation du montant en numéraire de la position agrégée pour une variation de volatilité donnée, soit :

$$Véga\ Risk = VR = Véga * \Delta\sigma$$

où $\Delta\sigma$ représente la variation de volatilité commune à tous les contrats.

Supposons $\Delta\sigma = 1\%$. Le calcul implique que si nous avons une volatilité à 20% pour l'option A et une volatilité à 30% pour l'option B, le Vega Risk est calculé comme si la première volatilité passe à 21% et la seconde à 31%.

Le Vegarisk peut être affiné en le définissant avec :

$$VR = \sum_{i=1}^{N} q^i v^i \Delta\sigma^i$$

où $\Delta\sigma^i$ est la variation de volatilité propre à chaque option i. Si on généralise en supposant que l'information sur le sous-jacent impacte tous les points de toutes ses courbes de volatilités de manière distincte, le choix une variation de $\Delta\sigma^i$ va se répercuter pour tout $\Delta\sigma^j$ pour $j \neq i$. Il faudrait donc établir un lien entre ces variations de volatilités. Ce chapitre va explorer plusieurs possibilités pour aborder ce problème en rappelant que nous supposons que nous disposons du modèle de smile (donc à échéance fixée) tel que décrit dans le chapitre 7.

Les approches reposent sur une idée déjà utilisée : prendre une échéance de référence et exprimer tous les végas en « véga de cette échéance ».

2. Le problème du smile

Le premier paramètre dont dépend la nappe de volatilité est le strike. Nous allons donc considérer ici que la maturité est fixée et tenter d'agréger les végas correspondant à cette maturité. Le modèle polynomial utilisé pour décrire le smile de volatilité peut simplement s'écrire

$$\sigma(T, K^i) = \sigma_{ref}(T) + f(K^i)$$

où T, la maturité, est fixée, $(K^i)_{i=1,\dots,n}$ sont les strikes d'options cotées, $\sigma_{ref}(T)$ un niveau de référence de la courbe (par exemple celui du modèle du chapitre 7 ou directement la volatilité à la monnaie) et $f(K)$ est un polynome du 3ème degré ne dépendant pas de $\sigma_{ref}(T)$ (mais pouvant dépendre de T). Ainsi la sensibilité de cette courbe aux variations de la volatilité de référence est :

$$\frac{\partial\sigma(T, K_i)}{\partial\sigma_{ref}(T)} = 1$$

La courbe est donc simplement translatée vers le haut ou vers le bas si la volatilité de référence en fait autant. Si P est la valeur du panier d'options détenues de cette échéance, sa valeur est la somme des valeurs primes (payées ou encaissées) que l'on note de manière formelle :

$$P\left(\sigma_{ref}(T)\right) = \sum_{i=1}^{n} O\big(\sigma(T, K_i)\big)$$

Avec O la fonction de prix de l'option de strike K^i (les K^i n'étant pas nécessairement distincts et O pouvant varier selon le type de l'option, call ou put). Le véga pour cette échéance s'écrit :

$$\begin{aligned}
\frac{\partial P\left(\sigma_{ref}(T)\right)}{\partial\sigma_{ref}(T)} &= \sum_{i=1}^{n} \frac{\partial O\big(\sigma(T, K_i)\big)}{\partial\sigma(T, K_i)} \frac{\partial\sigma(T, K_i)}{\partial\sigma_{ref}(T)} \\
&= \sum_{i=1}^{n} \frac{\partial O\big(\sigma(T, K_i)\big)}{\partial\sigma(T, K_i)} \\
&= \sum_{i=1}^{n} Véga(T, K_i)
\end{aligned}$$

Ainsi, ici le véga du panier est la simple addition des végas des options composant ce panier puisque nous appliquons la même variation de volatilité indépendamment du strike. Dans le modèle polynomial, on admet donc le déplacement parallèle du smile de volatilité.

3. Le problème de la structure à terme

Nous supposons ici que, suite au paragraphe précédent, nous disposons d'un véga par échéance, soit

$$\frac{\partial P_1\left(\sigma_{ref}(T_1)\right)}{\partial \sigma_{ref}(T_1)}, \dots, \frac{\partial P_d\left(\sigma_{ref}(T_d)\right)}{\partial \sigma_{ref}(T_d)}$$

où d est le nombre d'échéances présentes dans le portefeuille et T_i représente le temps jusqu'à maturité de la $i^{\text{ème}}$ échéance. Si on note maintenant σ_i pour $\sigma_{ref}(T_i)$ et P le panier global d'options détenues sur un même sous-jacent :

$$P = \sum_{i=1}^{d} P_i(\sigma_i)$$

1. Le choix d'une maturité de référence

Dans le chapitre 7, nous avons utilisé une échéance cotée par les market-maker pour en déduire les paramètres permettant de décrire la courbe de volatilité d'une autre échéance, en particulier lorsque que les contrats de celle-ci ne sont pas encore ouverts à la cotation. L'échéance de référence a donc une maturité résiduelle qui varie tous les jours.

Il est également possible de fixer une échéance théorique dont la courbe sera obtenue par interpolation des deux échéances cotées qui l'encadrent. En pratique, on pourra prendre $T_{ref} = 30$ jours. Il existe ainsi toujours une échéance de maturité résiduelle inférieure, on évite donc la sensibilité aux très courtes expirations et les échéances de maturités résiduelles supérieures sont des échéances dont les contrats sont liquides et que l'on sait bien évaluer (en termes de modèle de courbe de volatilité). Toutefois chaque opérateur fixera la référence comme il l'entend soit théorique, soit cotée.

2. Rappels sur le modèle de Black-Scholes

Si l'on s'en tient au modèle de Black-Scholes, pour une volatilité implicite d'échéance T, notée σ_T, nous pouvons écrire

$$\sigma_T = \sigma_{T_{ref}} \sqrt{\frac{T}{T_{ref}}}$$

On a donc $\frac{\partial \sigma_{T_{ref}}}{\partial \sigma_T} = \sqrt{\frac{T_{ref}}{T}}$ et chaque dérivée relative à σ_T , quel que soit T, peut se ramener à une dérivée par apport à $\sigma_{T_{ref}}$. On peut donc calculer un véga ajusté qui projette chaque véga standard sur l'échéance de référence. Cela s'écrit :

$$Véga\ ajusté = Véga * \sqrt{\frac{T}{T_{ref}}}$$

De cette façon, on peut donc calculer le véga d'un portefeuille d'options sur un même sous-jacent comme une somme de végas pondérés par un terme en racine de temps.

3. Application

À partir de nos d échéances, nous déterminons une échéance de référence T_{ref} de volatilité de référence $\sigma_{T_{ref}} = \sigma_{ref}$.

En utilisant ce résultat avec notre panier d'options, on a : $\sigma_i = \sigma_{ref} * \left(\frac{T_i}{T_{ref}}\right)^{1/2}$ où pour rappel σ_i est le niveau de volatilité implicite de l'échéance T_i dans le modèle de smile. Ainsi la sensibilité des volatilités par rapport à la volatilité de référence s'écrit

$$\frac{\partial \sigma_i}{\partial \sigma_{ref}} = \left(\frac{T_i}{T_{ref}}\right)^{1/2}$$

Le véga du panier global par rapport à cette volatilité de référence s'écrit

$$\frac{\partial P}{\partial \sigma_{ref}} = \sum_{i=1}^{d} \frac{\partial P_i(\sigma_i)}{\partial \sigma_{ref}} = \sum_{i=1}^{d} \frac{\partial P_i(\sigma_i)}{\partial \sigma_i} * \frac{\partial \sigma_i}{\partial \sigma_{ref}} = \sum_{i=1}^{d} \frac{\partial P_i(\sigma_i)}{\partial \sigma_i} * \left(\frac{T_i}{T_{ref}}\right)^{1/2}$$

Ici, le véga global est donc la somme des végas de chaque échéance pondérée par un rapport de maturités.

4. Généralisation empirique

Les observations montrent que les volatilités implicites dans le temps ne se comportent pas comme l'indique le modèle de Black-Scholes. La méthode précédente peut être modifiée afin de réduire la dépendance au modèle.

Fixons-nous une échéance de référence T_{ref}. Soit T_i une échéance de notre portefeuille différente de T_{ref}. Nous pouvons calculer (à chaque instant) β_i (qui est donc propre à l'échéance i) tel que

$$ln\left(\frac{\sigma_i}{\sigma_{ref}}\right) = \beta_i ln\left(\frac{T_i}{T_{ref}}\right)$$

On a donc

$$\sigma_i = \sigma_{ref}\left(\frac{T_i}{T_{ref}}\right)^{\beta_i}$$

$$\frac{\partial \sigma_i}{\partial \sigma_{ref}} = \left(\frac{T_i}{T_{ref}}\right)^{\beta_i}$$

et le véga global par rapport à cette maturité s'écrit :

$$\frac{\partial P}{\partial \sigma_{ref}} = \sum_{i=1}^{d} \frac{\partial P_i(\sigma_i)}{\partial \sigma_i} \left(\frac{T_i}{T_{ref}}\right)^{\beta_i}$$

Le risque de véga s'écrit alors

$$VR = \frac{\partial P}{\partial \sigma_{ref}} \, \Delta\sigma_{ref}$$

Ceci peut se réécrire

$$VR = V \, \frac{\Delta\sigma_{ref}}{\sigma_{ref}}$$

où $V = \frac{\partial P}{\partial \sigma_{ref}} \sigma_{ref}$ est la mesure normalisée du véga du panier d'options, définie dans le chapitre 9.

En pratique, le suivi du véga se réalise par des jeux de scenarios matriciels sur les dimensions volatilité et prix du sous-jacent. On estime le mouvement de volatilité moyen attendu $\Delta\sigma/\sigma$ pour un mouvement de sous-jacent donné $\Delta S/S$. Les actions des sociétés à potentiel de rachat en bourse (c'est-à-dire opéables, surtout en numéraire) peuvent subir de fortes variations de volatilité à la baisse avec la forte hausse du prix du sous-jacent lors de l'annonce. À l'opposé, si le rachat n'a finalement pas lieu, une baisse du prix du sous-jacent pourra être conséquente, tout comme la hausse de la volatilité implicite. Ces actions feront l'objet de scénarios matriciels dédiés car plus extrêmes. Sur les indices, les forts mouvements de volatilités sont plus amples que pour les actions à cause de la direction vers 1 des corrélations linéaires entre les composants de l'indice. Cela nécessite également des scénarios appropriés.

L'agrégation des végas est dépendante du modèle de volatilité implicite de l'opérateur. Inversement, calculer un véga global par simple somme de végas individuels entraîne des hypothèses importantes sur le comportement de la surface de volatilité d'un sous-jacent.

Pour un sous-jacent fixé, il apparaît des « corrélations entre ses volatilités inter-strikes et inter-maturités qui nécessite une modélisation bien plus élaborée.

À l'étape suivante, il est utile d'analyser les relations entre les sous-jacents pour lesquels l'opérateur intervient afin d'agréger encore à un niveau supérieur en toute cohérence. Ce dernier point ne s'applique pas qu'au véga mais sera pertinent pour l'ensemble des sensibilités.

Chapitre 12 – Théorie de la dispersion

Fondamentalement, ce type de stratégie tente d'exploiter la relation entre la volatilité implicite de l'indice et la volatilité implicite des titres le composant.

En effet, historiquement, on observe que la volatilité des indices se négocie à un niveau élevé, tandis que la volatilité des actions individuelles a été évaluée à sa juste valeur. La justification de cette prime élevée pour les indices n'est pas unanime. L'argument de plus souvent avancé est une valeur supplémentaire à l'exposition ou à la couverture globale que ces options offrent, simplifiant en quelque sorte les échanges des opérateurs.

La stratégie de dispersion consiste généralement à vendre des options à découvert sur un indice boursier tout en achetant simultanément des options sur les actions qui la composent, ce qui se dit aussi avoir une position vendeuse (ou short) de corrélation et acheteuse de (ou longue) dispersion.

Habituellement, lorsque les marchés baissent, la volatilité augmente et la corrélation s'élève (car les prix des actions prennent globalement dans la même direction). Si nous vendons des options dans des environnements à forte volatilité, le risque provient d'une poursuite de la hausse des volatilités implicites. Les transactions de dispersion de volatilité sont un moyen de réduire le risque puisque les corrélations sont bornées. Par conséquent, nous aimerions vendre une corrélation élevée (proche de 1 idéalement) en vendant la volatilité de l'indice, protéger notre position de volatilité en achetant des options sur les composants puis profiter d'une baisse de corrélation.

Le succès de la stratégie de dispersion de volatilité réside dans la détermination du moment opportun (le timing) pour effectuer une transaction de dispersion et dans la sélection des meilleures actions possibles pour le panier de couverture de dispersion. Ce deuxième point est important afin de limiter les frais de transactions qui réduiraient considérablement l'intérêt d'une telle stratégie. Ce sont deux aspects qui relèvent plus de la pratique et de l'implémentation d'une position de dispersion que de sa théorie.

En général, la position inverse n'est pas engagée car la vente de volatilité d'option sur action nous expose à un risque isolé (c'est le risque spécifique vu au chapitre 3) de hausse de celle-ci en cas de mauvaise nouvelle portant sur la société (avertissement sur résultat par exemple) alors que ce risque sur l'indice entier est dilué.

En suivant les notations du chapitre 4, on note P_t la valeur de l'indice (ou du portefeuille ou du panier, on utilisera les trois termes indifféremment) et S_t^i $i = 1, \dots, N$ les prix des actions composantes de l'indice, avec les prix constatés à l'instant t. Soit n_t^i est le nombre de titres de l'actif i détenus à l'instant t. Ce nombre peut en pratique être ajusté d'un coefficient de sorte que par exemple $P_0 = \sum_{i=1}^{N} n_0^i \, S_0^i$ vaut 1000 à l'instant 0. Le poids de l'actif i au sein du panier à l'instant t est donné par $w_t^i = \frac{n_t^i {S_t}^i}{P_t}$.

La composition du panier est supposée être stable sur la période. Ainsi, on oubliera rapidement la dépendance temporelle dans les notations.

θ^i, Γ^i, ν^i et σ^i désignent le thêta, le gamma, le véga et la volatilité implicite pour une option de l'action i, de prime noté C^i donnée par la modélisation de Black-Scholes. Pour l'option sur panier de prix C^P on les note θ^P, Γ^P, ν^P et σ^P.

1. L'importance des corrélations

Nous avons déjà vu à plusieurs reprises au chapitre 4 l'expression suivante de la variance d'un portefeuille en fonction de celles de ses composants, de leurs corrélations deux à deux et de leur poids dans le portefeuille.

$$(\sigma^P)^2 = \sum_{i,j=1}^{N} w^i w^j \sigma^i \sigma^j \rho^{ij}$$

En supposant que pour tous les titres i, $w^i = \frac{1}{N}$ on peut réécrire :

$$(\sigma^P)^2 = \sum_{\substack{i,j=1 \\ i\neq j}}^{N} \frac{1}{N^2} \sigma^i \sigma^j \rho^{ij} + \sum_{i=1}^{N} \frac{1}{N^2} (\sigma^i)^2$$

Si l'on définit la covariance moyenne et la volatilité moyenne par :

$$CovMoy = \frac{1}{N(N-1)} \sum_{\substack{i,j=1 \\ i\neq j}}^{N} \sigma^i \sigma^j \rho^{ij}$$

$$VolMoy = \frac{1}{N} \sum_{i\neq j}^{N} (\sigma^i)^2$$

on peut écrire

$$(\sigma^P)^2 = \frac{N(N-1)}{N^2} CovMoy + \frac{1}{N} VolMoy = \left(1 - \frac{1}{N}\right) CovMoy + \frac{1}{N} VolMoy$$

En particulier, à la limite

$$(\sigma^P)^2 \underset{N\infty}{\sim} CovMoy$$

Ce résultat illustre que pour un portefeuille dont les pondérations des constituants sont du même ordre, les covariances et donc les corrélations vont avoir plus d'impact que les variances individuelles sur la variance globale du portefeuille.

2. Fondements d'une position de dispersion

1. Retour sur la gestion delta neutre

On a vu que pour une option gérée en delta neutre sur une petite période Δt, la variation de cette position p^i qui provient uniquement des mouvements des actifs et non des mouvements de volatilité implicites, appelé Gamma P&L s'écrit :

$$\Delta p_{t,t+\Delta t}^i \simeq \frac{1}{2}\Gamma_t^i (S_t^i \sigma_t^i)^2 \Delta t \left[(M_{t,t+\Delta t}^i)^2 - 1\right]$$

avec la définition du mouvement normalisé défini au chapitre 9 :

$$M_{t,t+\Delta t}^i = \frac{\Delta S_{t,t+\Delta t}^i}{\sigma_t^i S_t^i \sqrt{\Delta t}}$$

ou encore

$$\Delta p_{t,t+\Delta t}^i \simeq -(\theta_t^i - r p_t^i)\Delta t \left[(M_{t,t+\Delta t}^i)^2 - 1\right]$$

avec p_t^i dans le membre de droite étant la valeur en euros de la position, et non la position d'instruments elle-même.

Pour une option sur panier, c'est exactement la même chose, et on peut également écrire, la variation de la position en delta neutre sur le sous-jacent P notée p^P comme:

$$\Delta p_{t,t+\Delta t}^P \simeq -(\theta_t^P - r p_t^P)\Delta t \left[(M_{t,t+\Delta t}^P)^2 - 1\right]$$

avec le mouvement normalisé pour l'indice :

$$M_{t,t+\Delta t}^P = \frac{\Delta P_{t,t+\Delta t}}{\sigma_t^P P_t \sqrt{\Delta t}}$$

Le rendement du portefeuille, sous-jacent d'option, sur la période s'écrit

$$R_{t,t+\Delta t}^P = \frac{\Delta P_{t,t+\Delta t}}{P_t} = M_{t,t+\Delta t}^P \sigma_t^P \sqrt{\Delta t} = \sum_{i=1}^N w_t^i R_{t,t+\Delta t}^i$$

Avec les poids $w_t^i = \frac{n_t^i {S_t}^i}{P_t}$ et $R_{t,t+\Delta t}^i = \frac{\Delta S_{t+\Delta t,t}^i}{S_t^i} = M_{t,t+\Delta t}^i \sigma_t^i \sqrt{\Delta t}$

Le mouvement normalisé du portefeuille se réécrit :

$$M_{t,t+\Delta t}^P = \sum_{i=1}^N w_t^i \frac{\sigma_t^i}{\sigma_t^P} M_{t,t+\Delta t}^i$$

Les principales notations étant fixées, nous supprimons la dépendance au temps dans les calculs qui suivent, à moins d'une ambiguïté.

Le Gamma P&L du panier Δp^P dépend de $(M^P)^2$:

$$(M^P)^2 = \left(\sum_{i=1}^N w^i \frac{\sigma^i}{\sigma^P} M^i\right)^2$$

qui se développe

$$(M^i)^2 = \frac{1}{(\sigma^P)^2}\sum_{i=1}^{N}\left(w^i\sigma^i\right)^2(M^i)^2 + \frac{1}{(\sigma^P)^2}\sum_{i\neq j} w^i w^j \sigma^i \sigma^j M^i M^j$$

Dans le modèle de Black-Scholes, on a vu que (sur une courte période) :

$$(\sigma^P)^2 = \sum_{i,j=1}^{N} w^i w^j \sigma^i \sigma^j \rho^{ij} = \sum_{i=1}^{N}\left(w^i\sigma^i\right)^2 + \sum_{i\neq j} w^i w^j \sigma^i \sigma^j \rho^{ij}$$

Donc

$$\frac{1}{(\sigma^P)^2}\left(\sum_{i=1}^{N}\left(w^i\sigma^i\right)^2 + \sum_{i\neq j} w^i w^j \sigma^i \sigma^j \rho^{ij}\right) = 1$$

Ce qui permet de noter :

$$(M^P)^2 = \frac{1}{(\sigma^P)^2}\left(\begin{array}{c}\sum_{i=1}^{N}\left(w^i\sigma^i\right)^2(M^i)^2 - \sum_{i=1}^{N}\left(w^i\sigma^i\right)^2 \\ + \sum_{i\neq j} w^i w^j \sigma^i \sigma^j M^i M^j - \sum_{i\neq j} w^i w^j \sigma^i \sigma^j \rho^{ij}\end{array}\right) + 1$$

Soit

$$(M^P)^2 - 1 = \frac{1}{(\sigma^P)^2}\left(\begin{array}{c}\sum_{i=1}^{N}\left(w^i\sigma^i\right)^2\left[(M^i)^2 - 1\right] \\ + \sum_{i\neq j} w^i w^j \sigma^i \sigma^j\left[M^i M^j - \rho^{ij}\right]\end{array}\right)$$

Ou encore

$$(M^P)^2 - 1 = \frac{1}{(\sigma^P)^2}\sum_{i=1}^{N}\sum_{j=1}^{N} w^i w^j \sigma^i \sigma^j\left[M^i M^j - \rho^{ij}\right]$$

La variation du panier sur la période Δt peut maintenant être écrite :

$$\Delta p^P \simeq -\frac{(\theta^P - rp^P)\Delta t}{(\sigma^P)^2}\sum_{i=1}^{N}\sum_{j=1}^{N} w^i w^j \sigma^i \sigma^j\left[M^i M^j - \rho^{ij}\right]$$

2. Gamma P&L d'une stratégie de dispersion

La stratégie consiste à vendre en delta neutre une option sur panier ou indice et à acheter des quantités (à déterminer) q^i d'options couvertes en delta neutre sur les actions sous-jacentes S^i. La variation sur une courte période de cette position de dispersion D s'écrit :

$$\begin{aligned}\Delta D &= \sum_{i=1}^{N} q^i\,\Delta p^i - \Delta p^P \\ &= \sum_{i=1}^{N} -q^i\,(\theta^i - rp^i)\Delta t\left[(M^i)^2 - 1\right] + (\theta^P - rp^P)\Delta t[(M^P)^2 - 1]\end{aligned}$$

Cette expression va subir plusieurs manipulations afin de l'expliquer plus facilement.

a. Première interprétation du résultat

Nous allons donc décomposer ce résultat afin de comprendre les sources de variation du résultat. Pour simplifier l'écriture et mettre en évidence une homogénéité des termes, on définit $d = \sum_{i=1}^{N} q^i\,p^i - p^P$ qui est le montant en euros de la stratégie delta neutre mise en place ainsi que $\Theta = \sum_{i=1}^{N} q^i\,\theta^i - \theta^P$ le thêta de cette stratégie. Cela permet de reformuler :

$$\Delta D = \Delta t\left[\sum_{i=1}^{N} -q^i\,(\theta^i - rp^i)(M^i)^2 + (\theta^P - rp^P)(M^P)^2 + (\Theta - rd)\right]$$

car avec nos notations

$$\Theta - rd = \sum_{i=1}^{N} q^i\,\theta^i - \theta^P - r\left(\sum_{i=1}^{N} q^i\,p^i - p^P\right) = \sum_{i=1}^{N} q^i\left(\theta^i - rp^i\right) - \left(\theta^P - rp^P\right)$$

Dans l'annexe du chapitre 4, nous avons introduit la notion de volatilité transversale, notée CSV, déjà décrite comme une mesure de dispersion. Avec nos notations, sur une période Δt, elle s'écrit :

$$(CSV^P)^2 = \Delta t\left[\sum_{i=1}^{N} w^i\,(\sigma^i M^i)^2 - \,(\sigma^P M^P)^2\right]$$

Si on cherche maintenant à introduire cette mesure dans l'expression de ΔD, il faut insérer la somme $\sum_{i=1}^{N} w^i\,(\sigma^i M^i)^2$:

$$\Delta D = \Delta t\left[\begin{array}{c}\displaystyle\sum_{i=1}^{N} -q^i\,(\theta^i - rp^i)(M^i)^2 + \frac{(\theta^P - rp^P)}{(\sigma^P)^2}\sum_{i=1}^{N} w^i\,(\sigma^i M^i)^2 \\ \displaystyle -\frac{(\theta^P - rp^P)}{(\sigma^P)^2}\sum_{i=1}^{N} w^i\,(\sigma^i M^i)^2 + \frac{(\theta^P - rp^P)}{(\sigma^P)^2}(\sigma^P M^P)^2 \\ +(\Theta - rd)\end{array}\right]$$

En remaniant les termes, ceci peut s'écrire :

$$\Delta D = \Delta t \begin{bmatrix} \sum_{i=1}^{N} (\sigma^i M^i)^2 \left[w^i \frac{(\theta^P - rp^P)}{(\sigma^P)^2} - q^i \frac{(\theta^i - rp^i)}{(\sigma^i)^2} \right] \\ - \frac{(\theta^P - rp^P)}{(\sigma^P)^2} \left[\sum_{i=1}^{N} w^i (\sigma^i M^i)^2 - (\sigma^P M^P)^2 \right] \\ + (\Theta - rd) \end{bmatrix}$$

Ou encore

$$\Delta D = \Delta t \begin{bmatrix} \sum_{i=1}^{N} (\sigma^i M^i)^2 \left[w^i \frac{(\theta^P - rp^P)}{(\sigma^P)^2} - q^i \frac{(\theta^i - rp^i)}{(\sigma^i)^2} \right] \\ - \frac{(\theta^P - rp^P)}{(\sigma^P)^2} (CSV^P)^2 \\ + (\Theta - rd) \end{bmatrix}$$

Le premier terme $\Delta t \sum_{i=1}^{N} (\sigma^i M^i)^2 \left[w^i \frac{(\theta^P - rp^P)}{(\sigma^P)^2} - q^i \frac{(\theta^i - rp^i)}{(\sigma^i)^2} \right]$ dépend des instruments financiers en jeu, c'est une composante idiosyncratique de la variation de la stratégie. Le deuxième terme $-\Delta t \frac{(\theta^P - rp^P)}{(\sigma^P)^2} (CSV^P)^2$ est la composante de dispersion pure que nous avons cherché à isoler. Le troisième terme $(\Theta - rd)\Delta t$ est l'inévitable effet du temps sur le résultat de la stratégie, essentiellement dû au thêta de la stratégie.

Nous avons $\theta^P - rp^P < 0$. Pour s'en convaincre rapidement, il suffit de regarder l'équation (9.1) et se souvenir que le gamma d'un call ou d'un put long (acheté) est toujours positif. De même pour chaque i, $\theta^i - rp^i < 0$.

Le terme de dispersion pure est donc positif. Cela implique que la stratégie est favorisée lorsque les écarts entre les rendements de l'indice et des composantes deviennent importants sur la période Δt. Cela signifie que notre stratégie bénéficie des corrélations qui se réduisent entre les rendements des actions et celui de l'indice. Ce terme positif se contractera également si la volatilité implicite de l'indice augmente ce qui arrivera lors des stress de marché où les corrélations entre les rendements de toutes les actions et indices ont tendance à converger vers 1. Un contexte propice à l'initiation d'une telle stratégie est donc des corrélations déjà élevées afin de limiter leur éventuelle poursuite à la hausse (capée à 1) et profiter d'une large possibilité de leur baisse.

b. Deuxième décomposition du résultat

Pour prolonger l'analyse, nous pouvons isoler les variations provenant des volatilités implicites et celles provenant des corrélations.

$$\Delta D = \sum_{i=1}^{N} - q^i(\theta^i - rp^i)\Delta t\left[(M^i)^2 - 1\right]$$
$$+\frac{(\theta^P - rp^P)\Delta t}{(\sigma^P)^2}\left[\sum_{i=1}^{N}\left(w^i\sigma^i\right)^2\left[(M^i)^2 - 1\right] + \sum_{i\neq j} w^i w^j \sigma^i \sigma^j\left[M^i M^j - \rho^{ij}\right]\right]$$

En isolant les termes croisés, on obtient

$$\Delta D = \Delta t\sum_{i=1}^{N}\left(\frac{\left(w^i\sigma^i\right)^2}{(\sigma^P)^2}(\theta^P - rp^P) - q^i(\theta^i - rp^i)\right)\left[(M^i)^2 - 1\right]$$
$$+\frac{(\theta^P - rp^P)\Delta t}{(\sigma^P)^2}\sum_{i\neq j} w^i w^j \sigma^i \sigma^j\left[M^i M^j - \rho^{ij}\right]$$

Le premier terme nous rappelle que les mouvements réalisés sont à comparer à la volatilité implicite achetée. Toutefois, puisque la stratégie est longue de la volatilité individuelle, terme à terme, c'est le signe du coefficient

$$\frac{\left(w^i\sigma^i\right)^2}{(\sigma^P)^2}(\theta^P - rp^P) - q^i(\theta^i - rp^i)$$

qui permettrait de privilégier les supports sur lesquels achetés des options. Autrement dit, il n'est pas forcément optimal d'acheter des options sur tous les sous-jacents composant le panier.

Le deuxième terme montre que la corrélation ρ^{ij} doit être vue comme une corrélation « implicite » c'est à dire la corrélation qui permet de fixer la volatilité implicite du panier pour évaluer le prix de l'option. C'est aussi celle qui théoriquement est fixée dans la modélisation Black-Scholes des sous-jacents (tout comme l'est la volatilité implicite) lors de la vente de l'option sur panier. Pour bien se fixer les idées, la relation

$$M^i M^j - \rho^{ij} = 0$$

se réécrit :

$$\frac{\Delta S^i}{S^i} = \rho^{ij}\frac{\sigma^i}{\sigma^j}\frac{\Delta S^j}{S^j}$$

Elle signifie que les rendements réalisés se comportent comme prédit par leurs volatilités et corrélations implicites fixées lors de l'initiation de la stratégie. On note souvent $\beta^{ij} = \rho^{ij}\frac{\sigma^i}{\sigma^j}$. Ainsi, ce deuxième terme matérialise l'impact des mouvements croisés, face à la corrélation implicite vendue à travers l'option sur panier. Ces mouvements croisés normalisés caractérisent la réalisation de la corrélation. Ce terme est positif lorsque ces mouvements croisés sont plus faibles que la corrélation vendue, ce qui est conforme à l'analyse de la section précédente : l'implémentation de cette stratégie se fera dans un contexte plus favorable lorsque ces corrélations implicites sont élevées, leur donnant une plus forte probabilité d'être supérieures aux corrélations réalisées à venir.

3. Stratégie de pure dispersion

Partant de première la décomposition utilisée, nous pouvons choisir les quantités q^i telles que

$$w^i \frac{(\theta^P - rp^P)}{(\sigma^P)^2} - q^i \frac{(\theta^i - rp^i)}{(\sigma^i)^2} = 0$$

à l'initiation de la période. Ainsi, nous éliminons la variation du résultat provenant des mouvements individuelles et volatilités implicites des titres pour le centrer sur les mouvements relatifs et les corrélations implicites. La première décomposition isole le thêta de la stratégie que nous pouvons examiner dans ce cas particulier.

1. Thêta de la position de pure dispersion

Dans ce cas, partant de la définition fixée plus haut avec cette relation :

$$\begin{aligned}\Theta - rd &= \sum_{i=1}^{N} q^i\left(\theta^i - rp^i\right) - \left(\theta^P - rp^P\right)\\ &= \sum_{i=1}^{N} \frac{w^i\left(\sigma^i\right)^2}{(\sigma^P)^2}\left(\theta^P - rp^P\right) - \left(\theta^P - rp^P\right)\\ &= \left(\theta^P - rp^P\right)\left(\sum_{i=1}^{N} \frac{w^i\left(\sigma^i\right)^2}{(\sigma^P)^2} - 1\right)\end{aligned}$$

Or, $\sum_{i=1}^{N} w^i\left(\sigma^i\right)^2 \geq \left(\sum_{i=1}^{N} w^i\sigma^i\right)^2 = \sum_{i,j} w^i\sigma^i w^j\sigma^j \geq \sum_{i,j} w^i w^j \sigma^i\sigma^j\rho^{ij} = (\sigma^P)^2$ où nous utilisons successivement la convexité de la fonction carrée et l'inégalité de Jensen, puis $\rho^{ij} \leq 1$. Donc, dans ce cas particulier, $\Theta - rd \leq 0$

Cela implique une position inconfortable : le passage du temps est défavorable à la stratégie. En particulier, la position souffre si la volatilité implicite des actions augmente ou si la volatilité implicite de l'indice diminue.

2. Gamma de dispersion

D'après le terme de dispersion $-\frac{(\theta^P - rp^P)}{(\sigma^P)^2}(CSV^P)^2$, nous espérons que les écarts entre les rendements de l'indice et des composantes vont être importants, se disperser. Cela signifie que notre stratégie bénéficie de la baisse des corrélations implicites entre les rendements des actions et celui de l'indice. Ce terme positif diminue également en valeur absolue si la volatilité implicite de l'indice augmente ce qui arrivera lors des stress de marché (et en général, les mouvements des titres se synchronisent et leurs corrélations retendent vers 1).

Ces choix

$$w^i \frac{(\theta^P - rp^P)}{(\sigma^P)^2} - q^i \frac{(\theta^i - rp^i)}{(\sigma^i)^2} = 0$$

permettent de réécrire le gamma P&L initial de la stratégie utilisant la deuxième décomposition. En effet,

$$\frac{(w^i\sigma^i)^2}{(\sigma^P)^2}(\theta^P - rp^P) - q^i(\theta^i - rp^i) = \frac{(w^i\sigma^i)^2}{(\sigma^P)^2}(\theta^P - rp^P) - \frac{w^i(\sigma^i)^2}{(\sigma^P)^2}(\theta^P - rp^P)$$
$$= \frac{(\theta^P - rp^P)}{(\sigma^P)^2} w^i(\sigma^i)^2(w^i - 1)$$

Ce terme est positif et le résultat de la stratégie se réduit à :

$$\Delta D = \frac{(\theta^P - rp^P)\Delta t}{(\sigma^P)^2}\sum_{i=1}^{N} w^i(\sigma^i)^2(w^i - 1)\left[(M^i)^2 - 1\right]$$
$$+\frac{(\theta^P - rp^P)\Delta t}{(\sigma^P)^2}\sum_{i\neq j} w^i w^j \sigma^i \sigma^j\left[M^i M^j - \rho^{ij}\right]$$

Le premier terme de la stratégie (le deuxième n'a pas été modifié : il est positif si les termes $M^iM^j - \rho^{ij}$ sont négatifs, ou si au moins suffisamment de ces termes le sont pour que la somme soit négative) bénéficie de termes $(M^i)^2 - 1$ positifs donc d'une volatilité réalisée à venir mouvements de sous-jacents individuels plus importants que leur volatilité implicite respective. Ceci affine légèrement la sélection des sous-jacents à privilégier dans le panier et correspond à la tâche courante du market-maker.

4. Stratégie thêta neutre

Un stratégie thêta neutre est définie en neutralisant le passage du temps en imposant, avec nos notations, $\Theta - rd = 0$. Cela implique :

$$\Delta D = \Delta t\left[\sum_{i=1}^{N} -q^i\,(\theta^i - rp^i)\left((M^i)^2 - (M^P)^2\right)\right]$$

Puisque quel que soit i, $\theta^i - rp^i \leq 0$ et $q^i \geq 0$, la position est profitable dès que pour un nombre suffisant de titres, on a

$$(M^i)^2 - (M^P)^2 \geq 0$$

Ceci sera vérifié si la volatilité réalisée des titres est supérieure à leur volatilité implicite et inversement pour l'indice.

Cette stratégie est équivalente à une implémentation dite gamma neutre puisque dans l'univers delta neutre on a, pour tout i et pour l'indice P :

$$\frac{1}{2}\Gamma^i(S^i\sigma^i)^2 = \theta^i - rp^i$$

5. Gestion de position

1. Sensibilité à la volatilité implicite

L'étude précédente ne tient pas compte des mouvements de volatilités implicites qui vont affecter le résultat global de la stratégie. Le véga du résultat (ou Véga P&L) est calculé comme

$$Véga\ P\&L = \sum_{i=1}^{N} q^i v^i \Delta\sigma^i - v^P \Delta\sigma^P$$

puisque la position de dispersion vend la volatilité implicite du panier et achète la volatilité implicite des composants du panier, où on rappelle que les végas sont positifs. Ceci peut se réécrire, en introduisant les végas normalisés $V^P = \sigma^P v^P$ et $V^i = \sigma^i v^i$ du chapitre 9 :

$$Véga\ P\&L = \sum_{i=1}^{N} q^i V^i \frac{\Delta\sigma^i}{\sigma^i} - V^P \frac{\Delta\sigma^P}{\sigma^P}$$

En choisissant une même variation relative de volatilité pour tous les sous-jacents :

$$\frac{\Delta\sigma^i}{\sigma^i} = \frac{\Delta\sigma^P}{\sigma^P} = \frac{\Delta\sigma}{\sigma}$$

on obtient

$$Véga\ P\&L = \frac{\Delta\sigma}{\sigma}\left[\sum_{i=1}^{N} q^i V^i - V^P\right]$$

Une opération de dispersion pourra donc être choisie avec un véga initial nul en fixant les q^i tels que $\sum_{i=1}^{N} q^i V^i - V^P = 0$.

2. Sensibilité à la corrélation

On appelle véga de corrélation, la sensibilité de la volatilité de l'indice à la corrélation, si $i \neq j$:

$$\frac{\partial\sigma^P}{\partial\rho^{ij}} = \frac{\partial\sigma^P}{\partial(\sigma^P)^2}\frac{\partial(\sigma^P)^2}{\partial\rho^{ij}} = \frac{1}{2\sigma^P} w^i w^j \sigma^i \sigma^j$$

Par conséquent, si l'on suppose que pour $i \neq j$, $\Delta\rho^{ij} = \Delta\rho$, c'est-à-dire les variations de corrélations sont identiques et en particulier ont toutes le même signe, (sans oublier que $\Delta\rho^{ij} = 0$ pour $i = j$) :

$$\Delta\sigma^P = \sum_{i,j,i\neq j} \frac{\partial\sigma^P}{\partial\rho^{ij}} \Delta\rho$$

$$\frac{\Delta\sigma^P}{\sigma^P} = \frac{1}{2}\frac{\sum_{i,j,i\neq j} w^i w^j \sigma^i \sigma^j}{(\sigma^P)^2} \Delta\rho$$

Nous appelons aussi Céga (C comme corrélation) le terme défini par

$$Céga = \frac{1}{2} V^P \frac{\sum_{i,j,i\neq j} w^i w^j \sigma^i \sigma^j}{(\sigma^P)^2}$$

ce qui permet de réécrire

$$\frac{\Delta\sigma^P}{\sigma^P} V^P = Céga\, \Delta\rho$$

La sensibilité du résultat de la stratégie liée au mouvement de corrélation ne provient que de l'option sur panier vendue. Elle s'écrit donc, si P est le prix de l'option sur panier :

$$-\frac{\partial P}{\partial \rho} \Delta\rho = -\nu^P \frac{\partial \sigma^P}{\partial \rho} \Delta\rho$$

On nomme Céga P&L la variation du résultat à la corrélation qui se calcule donc comme :

$$Céga\ P\&L = -\nu^P \left(\frac{\Delta\sigma^P}{\Delta\rho}\right) \Delta\rho = -\nu^P \sigma^P \frac{\Delta\sigma^P}{\sigma^P} = -V^P \frac{\Delta\sigma^P}{\sigma^P} = -Céga\, \Delta\rho$$

Le Céga est la sensibilité du panier à la corrélation. Comme le Céga est positif par construction, si $\Delta\rho < 0$, ce qui signifie que la corrélation diminue, ou encore que la dispersion augmente, le Céga P&L augmente.

6. Trouver le bon timing

Si l'analyse précédente explique d'où vient le profit d'une stratégie de dispersion, la mise en œuvre nécessite des considérations pratiques qui reposent sur l'observation et le bon sens. L'identification d'un contexte de marché propice à profiter des mouvements de corrélations est clé dans le succès.

Comme nous l'avons vu, si les corrélations vendues sont beaucoup plus élevées que les corrélations réalisées par la suite, les stratégies de dispersion devraient délivrer des bénéfices.

Supposons qu'il existe un indice avec seulement deux actions S^1, S^2 et des options sur cet indice et sur ses composantes. Leurs poids relatifs sont w et $1 - w$ et leur corrélation (inconnue) est ρ. Nous connaissons la volatilité implicite de l'indice σ^P puisque nous connaissons le prix de l'option sur panier et également la volatilité implicite des actions σ^1 and σ^2. À partir de la formule donnant la volatilité d'un portefeuille en fonction de ses composants, nous avons

$$(\sigma^P)^2 = w^2(\sigma^1)^2 + (1-w)^2(\sigma^2)^2 + 2w(1-w)\sigma^1\sigma^2\rho$$

Dans ce cas, la corrélation est implicite puisque c'est celle qui est contenue dans le prix de l'option sur panier. Elle est déduite en l'isolant dans l'expression ci-dessus et est donnée par :

$$\rho = \frac{(\sigma^P)^2 - [w^2(\sigma^1)^2 + (1-w)^2(\sigma^2)^2]}{2w(1-w)\sigma^1\sigma^2}$$

À partir de la formule développant la volatilité d'un portefeuille de titres, puis en supposant les corrélations identiques à une valeur unique ρ, on obtient aisément la généralisation :

$$\rho = \frac{(\sigma^P)^2 - \sum_{i=1}^{N} \left(w^i \sigma^i\right)^2}{2\sum_{i<j} w^i w^j \sigma^i \sigma^j} = \frac{(\sigma^P)^2 - \sum_{i=1}^{N} \left(w^i \sigma^i\right)^2}{\left(\sum_{i=1}^{N} w^i \sigma^i\right)^2 - \sum_{i=1}^{N} (w^i \sigma^i)^2}$$

Cette valeur, une corrélation moyenne implicitement définie, mesure la dispersion entre les actifs composant le panier. Proche de 1, les composants du portefeuille ont des mouvements globalement dans le même sens (à la hausse ou à la baisse), proche de 0, ces mouvements sont décorrélés, dispersés les uns par rapports aux autres. Lorsque les rendements des actions sont corrélés, les variations de leurs volatilités implicites le sont également (puisque en général de sens inverse à celui de son sous-jacent). Cette corrélation implicite est par définition bornée par 1.

De ce concept, plusieurs outils sont naturellement développés. Le premier, l'indice de corrélation implicite (ou en abrégé ICI) utilise la formule ci-dessus calculée avec les volatilités implicites à la monnaie de l'indice et des actions le composant. Cela suppose dont que des contrats optionnels existent sur tous ces instruments. La maturité est constante, par exemple 30 jours. Les volatilités sont donc déterminées par interpolation des volatilités de contrat optionnels réellement cotés. Évidemment, plus cela se rapproche de 100 %, plus la corrélation est forte et donc plus les conditions de marché sont adaptées à une stratégie de dispersion.

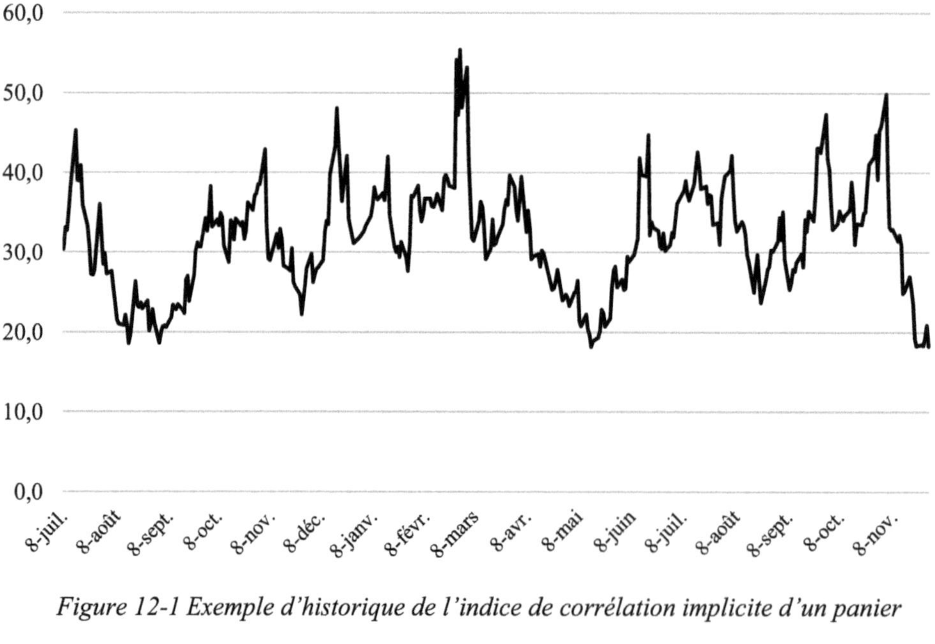

Figure 12-1 Exemple d'historique de l'indice de corrélation implicite d'un panier

Cependant, ce n'est pas une mesure absolue et doit donc être examinée à la lumière de son évolution historique. Lorsque l'indice ICI est élevé à un instant donné, relativement à sa propre série historique, il existe alors une forte corrélation entre la volatilité implicite de l'indice et les volatilités implicites des composantes qui évoluent globalement ensemble dans la même direction. C'est donc une situation favorable pour initier une stratégie de dispersion. Parfois même, cet indice peut être supérieur à 1 en raison des frictions du marché. Cela signifie que la volatilité implicite de l'indice est (trop) élevée et que les options sur indice sont chères. C'est d'ailleurs une situation d'arbitrage : le retour sous le niveau de 1 est rapide par l'intervention des arbitragistes. On voit ici sur cet exemple (figure 12-1) qu'un ICI de 50% est exceptionnel. Au-delà de 40% on pourra envisager l'intérêt de la stratégie afin de se créer suffisamment d'opportunités. Une corrélation implicite élevée n'est donc pas nécessaire pour son implémentation.

Remarque

1) L'ICI est parfois approximé par le ratio

$$\frac{(\sigma^P)^2}{\left(\sum_{i=1}^N w^i \sigma^i\right)^2}$$

2) Ici, l'ICI est calculé à partir de volatilité à la monnaie mais il est envisageable de le calculer pour des options dans ou en dehors de la monnaie afin d'augmenter le nombre d'opportunités et de varier les stratégies

Un deuxième outil naturel est d'utiliser la même formulation en utilisant les volatilités réalisées historiques au lieu des volatilités implicites. L'indice alors construit à chaque instant est appelé indice de corrélation réalisée (en abrégé ICR).

En reprenant notre définition nous pouvons réécrire :

$$(\sigma^P)^2 = \left(\sum_{i=1}^{N} w^i \sigma^i\right)^2 + 2 * (ICI - 1) * \sum_{i<j} w^i w^j \sigma^i \sigma^j$$

Le terme $\sum_{i=1}^N w^i \sigma^i$ est la moyenne pondérée des volatilités implicites du panier P que l'on peut noter MVI. C'est exactement la volatilité implicite σ^P si toutes les corrélations valent 1 (ou si $ICI = 1$ ci-dessus), autrement dit on a toujours

$$\frac{MVI}{\sigma^P} \geq 1$$

Ainsi plus ce ratio est proche de 1, plus les composants de l'indice (ou du panier) sont corrélés plus, les conditions de marché sont favorables pour initier une stratégie de dispersion. L'équivalent avec les volatilités historiques pourra être aussi étudié afin de conforter le contexte pour initier la stratégie.

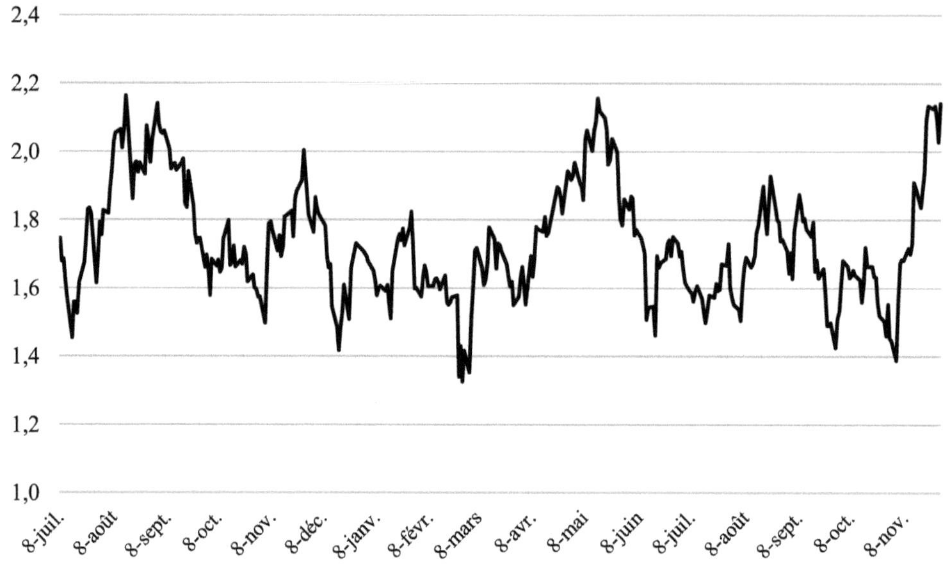

Figure 12-2 Historique du ratio entre la volatilité implicite d'un indice et sa MVI

Ainsi plus ce ratio est proche de 1, plus les composants de l'indice (ou du panier) sont corrélés, plus les conditions de marché sont favorables pour initier une stratégie de dispersion. Sur notre exemple, on reste éloigné de 1, il faudra donc pousser l'analyse un peu plus loin et a priori se satisfaire d'un ratio d'environ 1,5 pour engager une stratégie.

L'équivalent avec les volatilités historiques pourra être aussi étudié afin de conforter le contexte pour initier la stratégie.

Les opérateurs détournent également les formules initiales pour créer d'autres indicateurs. En particulier, ils mesurent directement la corrélation des volatilités implicites des composants.

$$(\tilde{\sigma}^P)^2 = \sum_{i,j=1}^{N} w^i w^j \sigma^i \sigma^j \tilde{\rho}^{ij} = \sum_{i=1}^{N} \left(w^i \sigma^i\right)^2 + \sum_{i \neq j} w^i w^j \sigma^i \sigma^j \tilde{\rho}^{ij}$$

où $\tilde{\rho}^{ij} = corr(\sigma^i, \sigma^j)$. Cette corrélation est souvent calculée sur un historique correspondant à la maturité des volatilités implicites, par exemple 30 jours. Ils examinent le ratio :

$$\frac{\tilde{\sigma}^P}{\sigma^P}$$

Ce ratio permet d'apprécier l'écart entre le prime théorique et le prix réel de l'option sur panier. Une valeur nettement supérieure à 1 indique que les options sur panier sont sous-évaluées. Ce n'est donc pas le bon moment pour les vendre. A l'inverse, plus cette valeur est faible, plus l'option sur panier est chère et surévaluée. C'est donc un contexte approprié pour la vendre et engager une position de dispersion.

Figure 12-3 Historique du ratio entre volatilité implicite théorique et réelle d'un panier

La distance à 1 s'appréciera en relatif sur l'historique. Sur cet exemple de la figure 12-3, il faut s'intéresser à l'implémentation d'une stratégie de dispersion lorsque on s'approche du niveau de 0,8.

C'est l'accumulation et la convergence dans l'interprétation des indicateurs qui permettront d'entrer sereinement dans cette stratégie. Une caractéristique commune aux indicateurs développés est le phénomène de retour à la moyenne qui conforte la probabilité de réalisation de mouvements de marchés favorables suite à une prise de position. Le succès dépend cependant moins du timing et plus de la manière dont est implémentée la position puis sa gestion par la suite.

7. Choisir les meilleures actions

La deuxième considération pratique importante est le choix des sous-jacents. Si la théorie suppose qu'on les choisit tous, ce n'est pas réaliste à l'implémentation pour des raisons de coûts, de suivi. À minima, il s'opère une sélection d'un sous-groupe de 30 % à 40 % des actions qui composent l'indice, voire moins si l'indice a de nombreux constituants et est concentré sur de fortes pondérations. Pour l'indice S&P500, qui regroupent les 500 plus grandes capitalisations états-uniennes, il est fréquent d'utiliser les 50 actions de plus fortes pondérations.

Les premiers critères naturels privilégient les actions de fortes pondérations, de grandes capitalisations boursières, ayant une grande liquidité et une volatilité implicite élevée.

D'autres éléments peuvent aider à la sélection.

1. Variance spécifique de l'action

Plus la part de volatilité d'une action attribuée à sa présence dans l'indice est importante plus cela en fait un candidat intéressant pour être sélectionnée dans le panier de dispersion. En effet, si la volatilité implicite d'une action bouge pour des raisons qui lui sont propres, elle est déjà « dispersée » et n'a pas d'intérêt à ce moment-là pour intégrer la stratégie. Cette part de volatilité, ou de variance propre, peut se mesurer par l'évaluation de la variance spécifique dans un modèle à facteurs où les facteurs sont communs à l'indice et à son action composante. Ceci a été expliqué dans la première partie au chapitre 4. Si cependant on ne dispose pas d'un tel modèle, on peut utiliser l'approche suivante, qui utile un seul facteur : l'indice avec lequel on cherche à construire une stratégie de dispersion.

Le modèle se réécrit, où l'indice I est l'indice sous-jacent à l'option de la stratégie de dispersion :

$$\frac{\Delta S^i}{S^i} = \alpha^i + \beta^{iI}\frac{\Delta I}{I} + \varepsilon^i$$

Dans ce modèle, on suppose

$$E\left[\varepsilon^i\right] = cov\left(\varepsilon^i, \varepsilon^j\right) = cov\left(\varepsilon^i, \frac{\Delta I}{I}\right) = 0$$

C'est sur ses hypothèses que cette approche est contestable : alors que le modèle du chapitre 4 construit une base de facteurs assurant ces propriétés, elles ne se vérifient pas nécessairement en pratique. En poursuivant, malgré cela, on peut alors écrire :

$$(\sigma^i)^2 = (\beta^{iI})^2(\sigma^I)^2 + (\sigma^{\varepsilon^i})^2$$

où $(\sigma^{\varepsilon^i})^2$ est la variance résiduelle. C'est une mesure de la volatilité du composant qui est due à d'autres facteurs que le mouvement de l'indice.

Nous définissons maintenant

$$(R^i)^2 = \frac{(\beta^{iI}\sigma^I)^2}{(\sigma^i)^2}$$

Le terme $(\beta^{PI}\sigma^I)^2$ est la variance du rendement du panier de couverture expliquée par l'indice, et $(\sigma^i)^2$ est la variance totale du rendement de l'action. Ainsi $(R^i)^2$ est la proportion de la variance systématique au sein de la variance totale, et $1 - (R^i)^2$ celle de la variance résiduelle.

Si la variance de l'action expliquée par l'indice est en faible proportion, elle devrait avoir une petite influence sur la volatilité de l'indice (que l'on vend dans la stratégie de dispersion). La préférence ira donc vers des actions dont le $(R^i)^2$ est élevé (et théoriquement inférieur à 1), c'est-à-dire des actions à faible variance spécifique comme indiqué ci-dessus.

2. Contribution à la volatilité

Cet outil a également déjà été détaillé dans la première partie, au chapitre 4. On rappelle que la sensibilité de la volatilité d'un indice (ou d'un portefeuille, ou d'un panier), par rapport à une pondération d'une de ses actions, est donnée par :

$$\frac{\partial \sigma^I}{\partial w^i} = \frac{cov(R^i, R^I)}{\sigma^P} = \rho^{iI}\sigma^i$$

Plus cette sensibilité est élevée, plus le titre est corrélé à l'indice et plus la volatilité du titre est forte. Ainsi, si historiquement la sensibilité du titre est importante, c'est un bon candidat en sous-jacent d'option individuelle.

La contribution à la volatilité de l'indice du titre i est $w^i \frac{\partial \sigma^I}{\partial w^i}$. On a montré (voir chapitre 4) que $\sum_{i=1}^{N} w^i \frac{\partial \sigma^I}{\partial w^i} = \sigma^I$. Ces contributions vont donc tenir compte des plus fortes pondérations et on privilégiera les plus forts contributeurs à la volatilité de l'indice.

8. Commentaires

Les opérations de dispersion consistent, le plus souvent, à vendre à découvert des options sur un indice boursier tout en achetant simultanément des options sur un panier d'actions qui le composent. L'objectif est que les prix des actions sous-jacentes individuelles évoluent dans des directions différentes, ce qui aura pour effet de réduire le mouvement global de l'indice concerné et sa volatilité. Il en résulte une opération de volatilité relative qui, si elle est couronnée de succès, permet de tirer profit de l'écart initial de volatilité entre le panier d'actions et l'indice de référence : on initie la stratégie lorsque la dispersion est faible pour profiter de son élargissement. De plus, si le prix de certaines actions monte et d'autres baissent de telle sorte que l'indice ne change pas, un profit découlera de la gestion en gamma classique (voir le chapitre 9).

Le profil de la stratégie peut avoir plusieurs aspects. Plusieurs implémentations ont été discuté. Pour réduire les impacts des variations de volatilité implicite, la stratégie initiale pourra également être choisie véga neutre. Une neutralisation des notionnels est également envisageable. Cela consiste en une répartition du notionnel total des options sur indice en fonction des pondérations, le notionnel étant défini comme le montant d'une transaction fondé sur le prix d'exercice multiplié par le montant.

Les prix d'exercice, légèrement en dehors de la monnaie, peuvent être fixés par l'ajout d'une contrainte initiale de type gamma neutre. D'autres choix sont possibles comme choisir les prix d'exercice pour que chaque delta de chaque composant soit proche de celui des options sur l'indice, c'est-à dire un choix delta neutre. La maturité dépend de l'observation des corrélations implicites donnant les meilleurs signaux. Une approximation peut également utiliser le temps de retour à des niveaux plus bas de la corrélation, mais cela reste empirique. Le coût des options pourra être un critère et conduira à choisir des maturités de trois mois environ présentant une liquidité suffisante. Pour les stratégies véga neutre des maturités plus longues peuvent être utilisées. Il faudra enfin veiller à une implémentation simultanée de toutes les pattes de la stratégie pour éviter un risque de décalage.

La dispersion peut donc en réalité être implémentée de plusieurs manières, ce n'est pas une stratégie unique. Elle est élégante mais pour avoir une chance de succès elle nécessite l'accès à une quantité importante de données historiques de haute qualité sur les volatilités implicites, qui, à l'exception des market-makers ou des banques d'investissement, ne sont pas aisément disponibles.

9. Annexe

Pour le calcul de l'analyse de sensibilité à la corrélation, on peut procéder d'une manière peut-être plus intuitive. On remarque d'abord que si les corrélations varient de $\Delta\rho$:

$$\Delta(\sigma^P)^2 = \sum_{i,j,i\neq j} w^i w^j \sigma^i \sigma^j (\rho^{ij} + \Delta\rho) + \sum_{i=1}^{N} (w^i \sigma^i)^2 - \sum_{i=1}^{N} \sum_{j=1}^{N} w^i w^j \sigma^i \sigma^j \rho^{ij}$$

De là,

$$\Delta(\sigma^P)^2 = \Delta\rho \sum_{i,j,i\neq j} w^i w^j \sigma^i \sigma^j = \Delta\rho \left[\sum_{i=1}^{N} \sum_{j=1}^{N} w^i w^j \sigma^i \sigma^j - \sum_{i=1}^{N} (w^i \sigma^i)^2 \right]$$
$$= \Delta\rho \left[\left(\sum_{i=1}^{N} w^i \sigma^i \right)^2 - \sum_{i=1}^{N} (w^i \sigma^i)^2 \right]$$

Cela permet d'écrire

$$\frac{\Delta\sigma^P}{\sigma^P} = \frac{\Delta\sigma^P}{\Delta(\sigma^P)^2} \frac{\Delta(\sigma^P)^2}{\sigma^P} = \frac{1}{2\sigma^P} \frac{\Delta\rho \left[\left(\sum_{i=1}^{N} w^i \sigma^i \right)^2 - \sum_{i=1}^{N} (w^i \sigma^i)^2 \right]}{\sigma^P}$$

et on retrouve

$$\frac{\Delta\sigma^P}{\sigma^P} = \frac{Céga}{V^P} \Delta\rho$$

avec

$$Céga = \frac{1}{2} V^P \frac{\left[\left(\sum_{i=1}^{N} w^i \sigma^i \right)^2 - \sum_{i=1}^{N} (w^i \sigma^i)^2 \right]}{(\sigma^P)^2}$$

Chapitre 13 – Volatilité et décision

Examiner l'incertitude c'est examiner l'avenir. Lorsque la volatilité ex ante est bien estimée, par exemple à l'aide d'un modèle à facteurs ou à partir des contrats optionnels, elle devient un outil puissant d'aide à la décision. Les derniers chapitres ont mis en lumière quelques stratégies centrées sur la volatilité implicite qui reflètent l'activité des market-makers ou des traders en banque d'investissement. Ce dernier chapitre reprend les aspects variés de la volatilité présentés au fil des pages précédentes et propose leurs utilisations par un gérant d'actifs en s'attachant certes un peu moins au respect des hypothèses qui ont permis de développer les modèles.

1. Volatilité et sentiment de marché

Puisque la volatilité implicite quantifie l'opinion des opérateurs, les bourses d'échange ont créé des indices qui synthétisent l'information de volatilité implicite d'un marché. Cela permet de disposer d'une mesure synthétique reflétant le sentiment de marché. Le VIX, pour Volatility Index, est le plus connu. Développé par la bourse de Chicago, le CBOE (pour Chicago Board Options Exchange), il est calculé en temps réel à partir de la volatilité implicite des options en dehors de la monnaie (calls et puts) sur l'indice S&P500 pour une maturité théorique de 30 jours (obtenue en pratique par les maturités cotées d'expiration encadrant ces 30 jours sur un large spectre de prix d'exercice). Tout comme la volatilité implicite d'un titre, un niveau élevé indique un marché stressé, avec une incertitude forte. Un choc de marché à la baisse se matérialise immédiatement par une forte hausse du VIX. Il ne traduit donc pas une réelle anticipation mais plutôt un état des lieux du marché, un sentiment général.

Comme toutes les mesures de stress de marché, son utilisation est plutôt contrariante pour un investisseur long only. (« When VIX is high, it's time to buy. When VIX is low, it's time to go »). On observe en effet, que le VIX reste peu de temps sur des points hauts extrêmes. Ces points vont correspondre à des poids bas locaux sur l'indice sous-jacent et souvent l'ensemble des titres du marché.

Ces situations sont donc plutôt favorables pour un acheteur de titres. Toutefois, ce sont des réflexions à très court terme car l'indice réagit également très vite aux bonnes nouvelles. De plus, juger de l'atteinte d'un point haut local est un exercice délicat. À l'inverse, l'indice peut rester très longtemps sur des points bas, reflétant une stabilité des marchés et en général une progression de l'indice avec une faible volatilité (réalisée ou historique cette fois). Cela peut suggérer une éventuelle prise de bénéfice et par exemple un repositionnement sur des calls pour conserver une exposition longue (toutefois, ce n'est toujours pas réalisable en fonction des contraintes réglementaires).

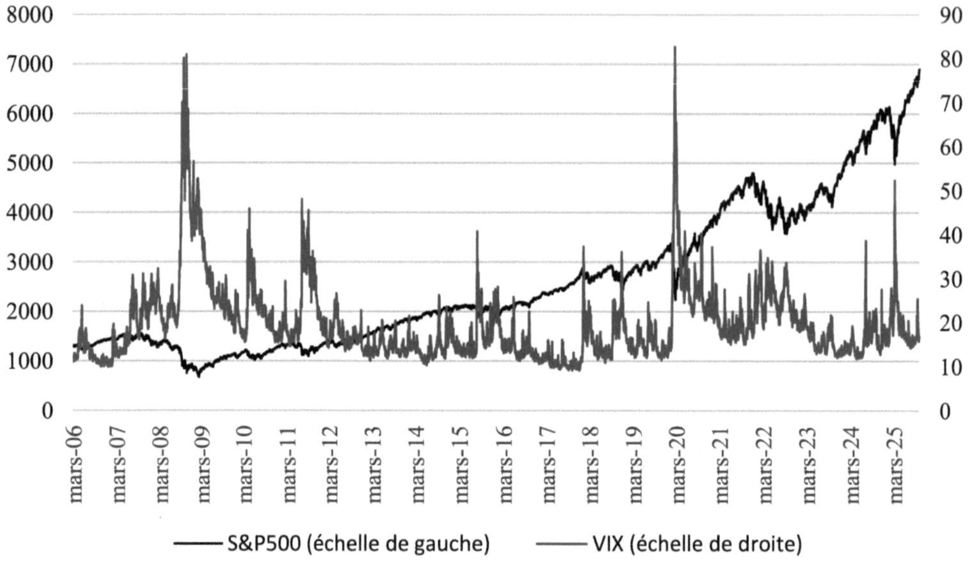

Figure 13-1 Évolution historique de l'indice S&P500 et de l'indice VIX[1]

Ce type d'indicateur est donc une jauge du marché dont il est utile d'avoir des repères historiques pour apprécier le niveau actuel. Sur la période d'observation du graphique, la moyenne est de 19,6, la médiane à 17,2. Arrondi à 20, c'est un niveau de référence courant du marché. Sous ce niveau, le régime de marché est stable. 10% des données sont au-dessus de 29 de volatilité. Arrondi à 30, c'est un autre repère au-dessus duquel les investisseurs contrariants, surtout s'ils n'ont pas subi le choc de marché qui a conduit à ce niveau, peuvent se positionner à l'achat. Enfin 10% des donnés sont inférieures à 12%. À ces niveaux de volatilité, les prix d'options sont faibles, il n'est donc pas très coûteux d'acheter de la protection (des puts, ou des put spreads) ou de substituer de l'exposition directe par de l'exposition optionnelle (achat de calls ou de call spreads).

D'autres bourses ont développé des indices similaires. Le V2X traduit la volatilité implicite pour l'indice Euro Stoxx 50, le VXN celle de l'indice Nasdaq 100.

La volatilité implicite a une structure à terme, et en utilisant des maturités plus lointaines le CBOE a créé les produits VIX9D, VIX3M, VIX6M et VIX1Y indices de volatilité implicite respectivement à 9 jours, 3 mois, 6 mois et 1 an.

Ces indices de volatilité ont été développé pour devenir le support de produits financiers dérivés, comme des futures sur VIX ou des options sur VIX. Lorsque le marché des options sur VIX est devenu suffisamment liquide (le VIX a été développé en 1993), sur le même principe, la bourse de Chicago a construit le VVIX, l'indice de volatilité implicite du VIX puis avec les principes identiques à ceux que nous avons développés

---

[1] Sources : pour l'indice S&P500 https://www.investing.com/indices/us-spx-500-historical-data, pour le VIX https://www.cboe.com/tradable-products/vix/vix-historical-data/

au chapitre 12, des indices de corrélation implicites (de différentes maturités également et à différentes distances à la monnaie mesurées par le delta) en utilisant les 50 plus grandes capitalisations de l'indice S&P500.

2. Piloter l'allocation d'actifs sous contrainte de volatilité

La volatilité est un outil de construction de portefeuille depuis 1952 et les travaux de Harry Markowitz. Beaucoup d'ouvrages s'y consacrent, notamment [2]. Ici nous mettons en avant la volatilité comme outil de pilotage de l'allocation d'un portefeuille. Pour diverses raisons, commerciales ou réglementaires, un produit d'investissement peut s'engager (garantir) à ne pas dépasser un niveau de volatilité fixé. Cela induit une gestion à volatilité bornée.

Dans un tel cadre, la définition de la volatilité ainsi que les données pour la calculer sont explicitement indiquées par contrat. Par exemple, la volatilité est calculée avec un pas hebdomadaire sur 52 semaines glissantes selon la formule standard de l'écart-type. L'engagement impose une borne maximale pour la volatilité, notée σ. Si $r_1, \dots, r_N$ sont les derniers N rendements connus du portefeuille et $\overline{r_{1,N}}$ leur moyenne arithmétique :

$$\overline{r_{1,N}} = \frac{1}{N}\sum_{i=1}^{N} r_i$$

on doit avoir

$$\sigma_{1,N} = \sqrt{\frac{1}{N-1}\sum_{i=1}^{N}(r_i - \overline{r_{1,N}})^2} \leq \sigma$$

quelle que soit la période glissante de N rendements consécutifs.

La contrainte sur la période suivante s'écrit :

$$\sigma_{2,N+1} = \sqrt{\frac{1}{N-1}\sum_{i=2}^{N+1}(r_i - \overline{r_{2,N+1}})^2} \leq \sigma$$

avec

$$\overline{r_{2,N+1}} = \frac{1}{N}\sum_{i=2}^{N+1} r_i$$

En N, le rendement r_{N+1} est inconnu mais la contrainte $\sigma_{2,N+1} \leq \sigma$, équivalente à :

$$(N-1)\sigma_{2,N+1}^2 \leq (N-1)\sigma^2$$

se traduit en contrainte sur r_{N+1} et l'équation $(N-1)\sigma_{2,N+1}^2 = (N-1)\sigma^2$ est une équation du second degré d'inconnue r_{N+1}. Celle-ci se réécrit (voir les détails en annexe) :

$$ar_{N+1}^2 + br_{N+1} + c = 0$$

avec

$$a = 1 - \frac{1}{N}$$

$$b = -2\left(\overline{r_{1,N}} - \frac{1}{N}r_1\right)$$

$$c = (N-1)\left(\sigma_{1,N}^2 - \sigma^2\right) + 2r_1\overline{r_{1,N}} - \left(1 + \frac{1}{N}\right)r_1^2 - N\left(\overline{r_{1,N}} - \frac{1}{N}r_1\right)^2$$

Soit $D = b^2 - 4ac$ le discriminant de cette équation du second degré.

Si $D > 0$, il existe deux solutions, l'une positive

$$r_{N+1}^{+} = \frac{-b + \sqrt{D}}{2a}$$

et l'autre négative :

$$r_{N+1}^{-} = \frac{-b - \sqrt{D}}{2a}$$

L'intervalle $[r_{N+1}^{-}, r_{N+1}^{+}]$ désigne les performances acceptables sur la période considérée (semaine dans l'exemple) pour maintenir la contrainte de volatilité sur la période suivante. Le pilotage de l'allocation s'en déduit à partir de stress tests. Par exemple, pour un portefeuille composé d'actions et d'actif monétaire, si on suppose que la poche en actions du portefeuille ne peut subir un choc ni en deçà de $-x\%$ ni au-delà de $y\%$, le poids des actions sera inférieur à $min(-r_{N+1}^{-}/x\%, r_{N+1}^{+}/y\%)$.

Si $D < 0$ (le cas $D = 0$ est impossible), cela signifie que le retour sous la cible σ n'est atteignable sur une seule période. Il est nécessaire d'engager des simulations sur plusieurs périodes consécutives pour apprécier le délai de retour à la cible. Pour réduire au mieux l'impact du prochain rendement sur la volatilité, il faut que celui-ci annule le dernier écart au carré dans la formule de la volatilité à venir. C'est donc le r_{N+1} qui vérifie :

$$r_{N+1} = \overline{r_{2,N+1}}$$

soit

$$r_{N+1} = \overline{r_{1,N}} + \frac{1}{N}(r_{N+1} - r_1)$$

d'où on déduit

$$r_{N+1} = \frac{1}{N-1}(N\overline{r_{1,N}} - r_1) \cong \overline{r_{1,N}}$$

En pratique cette valeur devrait être proche de zéro ce qui implique de réduire fortement l'exposition du portefeuille aux actifs risqués ou de mettre en place une couverture pour immuniser le portefeuille contre ce risque.

À noter que si $D < 0$, il y a eu rupture de l'engagement du gérant de portefeuille mettant en péril l'existence du produit. Si la gestion est rigoureuse, ce cas ne se produira pas.

3. Ajuster son portefeuille avec la volatilité d'un modèle factoriel

Un modèle à facteurs bien construit fournit une bonne estimation de la volatilité à venir d'un portefeuille et de chacun de ses composants. Cela permet de disposer d'une mesure de risque (au sens d'incertitude) fiable et de l'utiliser dans une lecture prospective.

1. S'assurer de la cohérence d'un portefeuille

Un gérant fondamental de portefeuille d'actions sélectionne les titres après une analyse financière réalisée sur les sociétés cotées de son univers d'investissement. L'objectif de cette analyse (dite bottom up) est de choisir les titres investis (sous diverses contraintes) devant délivrer la meilleure performance. Le gérant fixe alors un objectif de cours de l'action, atteignable dans un laps de temps raisonnable (entre 1 et 3 ans par exemple). Pour construire la taille de ses positions, le gérant fondamental utilise des heuristiques variées comme la force de sa conviction qui s'est établie au cours du travail d'analyse et/ou le poids du titre dans l'indice de référence. Les outils quantitatifs sont rarement utilisés car la plupart des solutions livrent des portefeuilles optimisés très instables reflétant essentiellement des estimations de matrices de variances covariances de mauvaises qualités à la structure fragile. Les bons modèles factoriels corrigent significativement cette instabilité mais le principe même de l'optimisation est souvent repoussée par les gérants d'actifs fondamentaux. Elle leur apparaît en effet comme une « boite noire » dont les résultats sont difficilement compréhensibles par le jeu peu intuitif des multiples corrélations. Toutefois, il est possible d'utiliser ces outils pour amener le gérant à réfléchir à sa construction de portefeuille.

Nous exploitons la relation (4.5) vues dans le chapitre 4 que nous représentons dans un nuage de point pour chacune des actions d'un portefeuille imaginaire. La ligne en pointillés symbolise l'égalité des contributions (relatives) à la performance et à la volatilité. Dans cette démarche, la sélection des titres (le stock picking) n'est pas remise en question. C'est l'ajustement de la rentabilité attendue par le risque pris au sein du portefeuille qui est examiné. Plusieurs éléments de discussion sont alors possibles avec le gérant en se focalisant principalement sur les actions dont les points sont les plus éloignés de la droite. Celle-ci représente en effet la localisation des composants du portefeuille optimal sans contraintes.

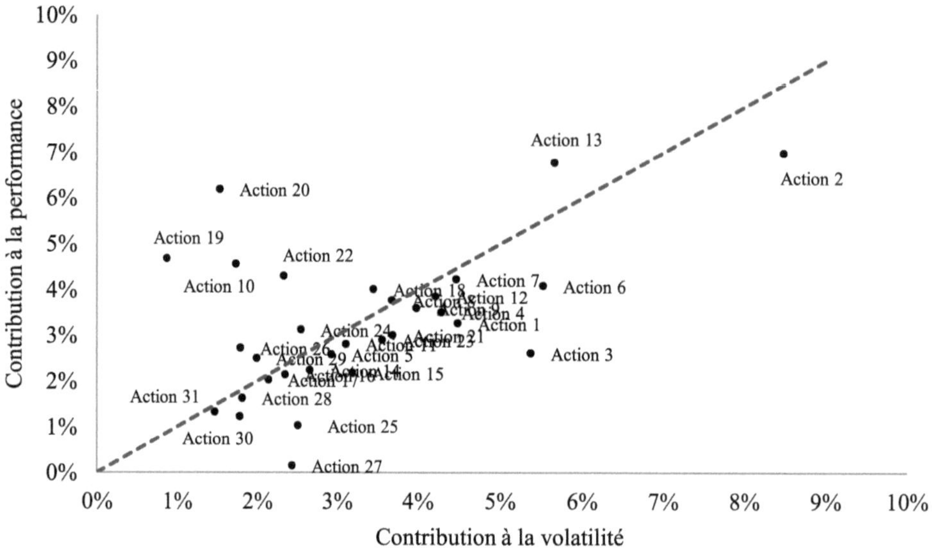

Figure 13-2 Analyse performance / risque au sein d'un portefeuille

Les actions 3, 25 ou 27 en particulier présentent une contribution au risque a priori trop forte relativement à leur contribution à la performance : il faut s'interroger sur le potentiel du titre, ce qui implique une nouvelle analyse de la part du gérant, ou bien si les objectifs de performances sont corrects, envisager de réduire la taille du titre dans le portefeuille.

Pour les actions 10, 19, 20 ou 22, c'est l'inverse. Si le potentiel de chaque titre n'est pas revu à la baisse par l'équipe de gestion, ce sont de bons candidats au renforcement.

Enfin, l'Action 2, bien que peu éloignée de la droite (relativement à d'autres titres), se distingue puisqu'elle embarque bien plus de risque (mesuré par sa contribution à la volatilité) que tous les autres titres. Ce positionnement peut s'expliquer par le poids de ce titre dans le benchmark bien qu'il ne soit pas présent dans cette analyse. Si en examinant le détail de sa contribution, celle-ci présente de plus une forte composante idiosyncratique, le gérant doit particulièrement s'assurer de maîtriser les événements la concernant. Ce type d'approche permet d'orienter et de hiérarchiser le travail de l'équipe de gestion. Par construction, tout changement de pondération ou d'objectifs influence le positionnement relatif de tous les points du graphique. C'est donc par itération que le gérant va modifier son portefeuille, en mixant les suggestions du modèle à sa vue fondamentale sur les titres.

Pour d'autres axes d'analyse du portefeuille, on peut agréger les actions en fonction de caractéristiques communes, par exemple la taille de capitalisation ou leur secteur d'activité :

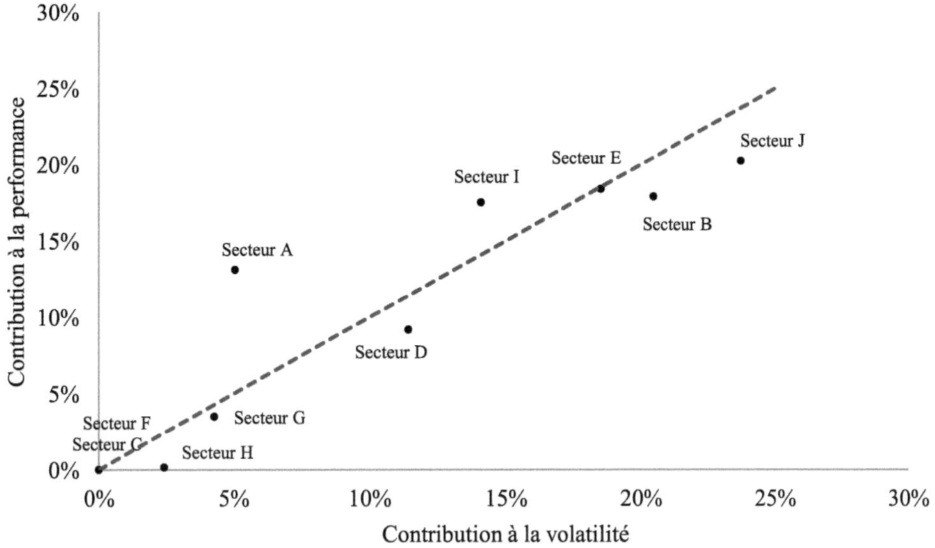

Figure 13-3 Analyse performance / risque d'un portefeuille au niveau sectoriel

On observe que certains secteurs C et F ne sont pas investis (probablement conformément à la stratégie d'investissement). La gestion se concentre sur les secteurs I, E, B ou J. L'équilibre de la construction de portefeuille au niveau sectoriel est plutôt correct avec un léger sous-investissement du secteur A à balancer avec un surinvestissement des secteurs J et B relativement à leur contribution à la volatilité.

2. Identifier les (vraies) sources de performance

Si un modèle à facteurs bien construit fournit une très bonne estimation de la volatilité anticipée d'un portefeuille, la décomposition de celle-ci en volatilité systématique et spécifique sur l'ensemble des composants du portefeuille, ou bien de la tracking error si la gestion est plus benchmarkée, permet de localiser précisément la répartition des risques. Le risque étant la source de rémunération du portefeuille, ses principales sources de risque identifiées sont a priori ses principales sources de performance attendue. Ainsi, si ces sources ne sont pas en adéquation avec les vues du gérant fondamental, celui-ci a la possibilité d'ajuster son portefeuille, guidé par les résultats du modèle factoriel.

L'analyse relative à un indice de référence est plus explicite pour l'illustration car les principaux facteurs de marché qui représentent l'essentiel du risque absolu se compensent dans une analyse relative et les choix idiosyncratiques auront plus d'importance dans cette lecture. Nous prenons donc l'exemple d'un fonds actions contre son indice de référence. Les volatilités estimées sont de 15,84% pour le portefeuille et de 15,6% pour le benchmark avec une tracking error (TE) de 2,24%, relativement faible indiquant une gestion proche de l'indice (en termes d'univers ou d'amplitude de poids actifs limitée). Cela suppose une forte composante des risques spécifiques et cette TE se décompose à 14,4% en provenance des facteurs et 85,6% des effets non factoriels qui seront donc plus largement commentés.

Le premier tableau ci-dessous présente les titres les plus contributeurs à la TE globale du portefeuille (5ème colonne du tableau ci-dessous).

Nom	Poids %	Poids actifs %	Volatilité %	Contr. TE %	Contr. TE systématique %	Contr. TE spécifique %	Sensibilité marginale systématique	Sensibilité Marginale spécifique
Portefeuille	100	0	15,84	100,00	14,40	85,60		
Action 1	0,00	– 1,92	22,4	5,48	1,94	1,13	– 2,26	– 1,32
Action 2	0,00	– 1,24	41,7	5,20	– 0,36	4,00	0,64	– 7,24
Action 3	2,17	1,85	38,4	4,76	0,95	6,13	1,15	7,41
Action 4	0,00	– 1,18	45,0	4,47	– 0,67	3,65	1,26	– 6,91
Action 5	0,00	– 1,91	27,1	4,35	– 0,68	2,65	0,80	– 3,10
Action 6	1,44	1,44	39,2	4,08	2,25	3,63	3,50	5,64
Action 7	0,00	– 1,58	30,3	3,81	0,00	1,84	0,00	– 2,61
Action 8	0,00	– 1,38	22,3	3,19	0,37	1,10	– 0,60	– 1,79
Action 9	1,77	1,77	29,3	2,81	1,17	3,86	1,48	4,87
Action 10	0,00	– 1,68	16,7	2,77	– 0,20	0,86	0,26	– 1,15

Toutes les mesures du tableau ont été expliquées en détail au chapitre 4 lors de la présentation des modèles factoriels. Les principales attentes de surperformances proviennent de ces actions à la fois présentes et non présentes en portefeuille. Ce dernier point est crucial : les attentes de surperformance sont ici largement soutenues par des titres du benchmark non sélectionnés. Si l'exclusion provient de contraintes réglementaires, il y a peu à faire hormis rechercher des titres au comportement semblables (des proxies) pouvant être intégrés. Les modèles factoriels peuvent d'ailleurs guider cette recherche. Si l'exclusion résulte d'un choix actif d'investissement, c'est un positionnement fort qui peut être challengé. Dans tous les cas, l'équipe de gestion doit parfaitement maîtriser les événements liés à ces sociétés, leurs analyses fondamentales justifiant ces décisions.

Le deuxième tableau hiérarchise les titres selon leur contribution à la TE spécifique du portefeuille. Ainsi, nous zoomons sur les entreprises que l'équipe de gestion doit particulièrement surveiller, en termes d'événements propres à ces entreprises. La forte composante des actions 2 et 4 non présente en portefeuille laisse penser qu'il sera difficile de leur trouver un proxy en termes fondamentaux. Il faudrait se contenter d'un proxy quantitatif qui reproduit ses caractéristiques perçues par le modèle.

Nom	Poids %	Poids actifs %	Volatilité %	Contr. TE %	Contr. TE systématique %	Contr. TE spécifique %	Sensibilité marginale systématique	Sensibilité Marginale spécifique
Portefeuille	100	0	15,84	100,00	14,40	85,60		
Action 3	2,17	1,85	38,4	4,76	0,95	6,13	1,15	7,41
Action 2	0,00	– 1,24	41,7	5,20	– 0,36	4,00	0,64	– 7,24
Action 9	1,77	1,77	29,3	2,81	1,17	3,86	1,48	4,87
Action 4	0,00	– 1,18	45,0	4,47	– 0,67	3,65	1,26	– 6,91
Action 6	1,44	1,44	39,2	4,08	2,25	3,63	3,50	5,64
Action 26	3,36	1,81	33,5	1,12	0,37	3,01	0,46	3,72
Action 11	2,63	1,43	31,7	2,42	1,28	2,92	2,01	4,58
Action 99	4,40	2,32	31,1	0,22	0,26	2,86	0,25	2,77
Action 5	0,00	– 1,91	27,1	4,35	– 0,68	2,65	0,80	– 3,10
Action 132	2,00	1,67	22,0	0,14	0,13	2,11	0,17	2,82

Les derniers tableaux ci-dessous montrent les titres à sensibilité marginale spécifique les plus fortes et les plus faibles. Cela identifie les titres qui ont le plus d'impact sur le TE spécifique (et donc la TE). Une hausse de la pondération des titres à sensibilité marginale positive (respectivement négative) réhausse (respectivement réduit) la TE du portefeuille. À l'inverse, une réduction de la pondération (si possible) des titres à sensibilité marginale positive (respectivement négative) réduit (respectivement augmente) la TE du portefeuille.

Nom	Poids %	Poids actifs %	Volatilité %	Contr. TE %	Contr. TE systématique %	Contr. TE spécifique %	Sensibilité marginale systématique	Sensibilité Marginale spécifique
Action 3	2,17	1,85	38,4	4,76	0,95	6,13	1,15	7,41
Action 6	1,44	1,44	39,2	4,08	2,25	3,63	3,50	5,64
Action 9	1,77	1,77	29,3	2,81	1,17	3,86	1,48	4,87
Action 11	2,63	1,43	31,7	2,42	1,28	2,92	2,01	4,58
Action 26	3,36	1,81	33,5	1,12	0,37	3,01	0,46	3,72
Action 25	1,58	1,36	34,5	1,13	0,97	1,87	1,59	3,06
Action 132	2,00	1,67	22,0	0,14	0,13	2,11	0,17	2,82
Action 99	4,40	2,32	31,1	0,22	0,26	2,86	0,25	2,77
Action 149	1,46	1,25	25,3	0,11	0,18	1,49	0,33	2,67
Action 282	1,17	1,06	31,3	– 0,11	– 0,02	1,24	– 0,03	2,61
Action 120	1,87	1,47	23,8	0,16	0,30	1,70	0,46	2,59

Nom	Poids %	Poids actifs %	Volatilité %	Contr. TE %	Contr. TE systématique %	Contr. TE spécifique %	Sensibilité marginale systématique	Sensibilité Marginale spécifique
Action 2	0,00	– 1,24	41,7	5,20	– 0,36	4,00	0,64	– 7,24
Action 4	0,00	– 1,18	45,0	4,47	– 0,67	3,65	1,26	– 6,91
Action 18	0,00	– 0,68	37,3	1,67	– 0,19	1,00	0,62	– 3,29
Action 5	0,00	– 1,91	27,1	4,35	– 0,68	2,65	0,80	– 3,10
Action 22	0,00	– 0,70	37,5	1,32	– 0,52	0,96	1,66	– 3,07
Action 7	0,00	– 1,58	30,3	3,81	0,00	1,84	0,00	– 2,61
Action 14	0,00	– 1,19	28,9	2,02	– 0,58	1,11	1,09	– 2,08
Action 31	0,00	– 0,50	36,4	0,90	– 0,19	0,46	0,83	– 2,03
Action 16	0,00	– 0,94	31,7	1,89	– 0,05	0,76	0,11	– 1,81
Action 8	0,00	– 1,38	22,3	3,19	0,37	1,10	– 0,60	– 1,79
Action 30	0,00	– 0,64	30,8	0,91	– 0,36	0,47	1,28	– 1,67

Le tout dernier tableau n'exhibe que des titres absents du portefeuille : on comprend bien que les introduire réduirait la TE du portefeuille et en premier lieu les actions 2 et 4. Il est intéressant de noter que l'Action 18 avec un poids modeste dans l'indice peut avoir un impact significatif dans la réduction de la TE.

Un modèle factoriel peut aller plus loin dans les détails lorsque les facteurs sont interprétables. Ils mettent en avant les caractéristiques géographiques, sectorielles ou de style (comme le momentum, la value ou la taille de capitalisation) pour éclaircir les déséquilibres du portefeuille.

On détient donc ainsi des clés de lecture afin d'intervenir efficacement sur le portefeuille en fonction des convictions de la gestion. Il ne s'agit pas systématiquement de réduire la prise de risque mais de la construire le plus finement possible et l'orienter sur les sources de performances souhaitées par la gestion. Un danger, observé chez les gérants fondamentaux, est de neutraliser certains facteurs avec lesquels ils sont familiers et en choisir quelques autres pour s'exposer. Cela les laisse, et leur portefeuille, à la merci des facteurs qu'ils n'ont pas considérés et finalement leurs risques reposent sur des éléments dont ils n'ont pas conscience. Ainsi, le risque factoriel (ou systématique) résultant de ces choix de gestion doit toujours faire l'objet d'un examen final.

3. Estimer une perte extrême

Soit p un niveau de probabilité et T l'horizon d'analyse. On note R_T le rendement d'un actif sur un horizon T. On définit le quantile $VaR(p,T)$ la valeur définie par

$$P(R_T \leq VaR(p,T)) = 1 - p$$

Ainsi, pour des niveaux de probabilité élevé comme $p = 95\%$ ou $p = 99\%$, le seuil $VaR(p,T)$ indique un niveau de rendement extrême à droite de la distribution de R_T qui n'est dépassée à la baisse qu'avec une faible probabilité $1 - p$. Cette quantité est appelée Value at Risk.

On note m_T et σ_T^2 respectivement l'espérance et la variance de R_T. Si ces deux premiers moments sont finis, on a (voir annexe) :

$$VaR(p,T) \geq m_T - \frac{\sigma_T}{\sqrt{1-p}}$$

En pratique, l'espérance de rentabilité est supposée nulle. Cette hypothèse est jugée conservatrice puisqu'un actif ayant une espérance négative ne présente pas d'intérêt pour la majorité des intervenants. Une perte extrême peut donc être estimée directement à partir d'un bon estimateur de la volatilité.

Toutefois, cette borne est très large car valable pour toutes lois de distributions à variance finie. Pour la limiter, on peut par exemple accepter, suite aux observations, que considérer que la loi de distribution d'un actif est symétrique est une hypothèse conservatrice également. En effet, les observations montrent que les actifs ont une loi de distribution asymétrique avec un coefficient d'asymétrie positif. Une loi symétrique réduirait ainsi leur probabilité de performance positive. Avec cette hypothèse, la borne devient :

$$VaR(p,T) \geq m_T - \frac{\sigma_T}{\sqrt{2(1-p)}}$$

Ce type de borne (avec son symétrique à la hausse) permettrait de tracer des enveloppes de potentiels adaptées à des périodes extrêmement stressées mais (il suffit de les tracer pour le comprendre) cela n'offre aucune utilisation concrète dans l'aide au timing de décision au contraire de la section suivante.

Si l'actif est un portefeuille, analysé relativement à un benchmark, ce qui vient d'être présenté s'applique à la variable aléatoire $R^P - R^B$. Le quantile noté $TaR(p,T)$ défini par

$$P\left(R_T^P - R_T^B \leq TaR(p,T)\right) = 1 - p$$

est la Tracking at Risk du portefeuille pour un niveau de probabilité p et l'horizon T. On peut donc la minorer par (en supposant toujours l'espérance nulle, hypothèse toutefois moins conservatrice car le portefeuille peut structurellement sous-performer son benchmark) :

$$TaR(p,T) \geq -\frac{TE_T}{\sqrt{1-p}}$$

où TE_T est la volatilité de la variable $R_T^P - R_T^B$.

4. Améliorer son timing

Nous avons vu au chapitre 3 des enveloppes d'évolution de prix pour un actif en fonction de son espérance de rendement et de son écart-type qui dépend de la volatilité. Comme au paragraphe précédent, l'espérance est par la suite supposée nulle. C'est une hypothèse prudente, le gérant long only étant supposé n'investir que dans des actions à espérance positive.

L'hypothèse d'une loi normale est délicate à admettre en pratique, toutefois dans notre exemple, il s'agit d'identifier le comportement d'une action dans un régime standard, les enveloppes de potentiels fournissant des repères. Le gérant, en identifiant les actions de son portefeuille proche de ces seuils de référence saura ainsi sur quels titres porter en priorité son attention.

Le graphique suivant retrace l'évolution d'une action au sein de plusieurs enveloppes qui se succèdent. En effet, certains événements de marché sont suffisamment impactant pour modifier la structure de risque d'un actif. Il est possible de prendre des dates spécifiques au titre analysé, mais nous recommandons d'utiliser des dates communes aux actifs du portefeuille.

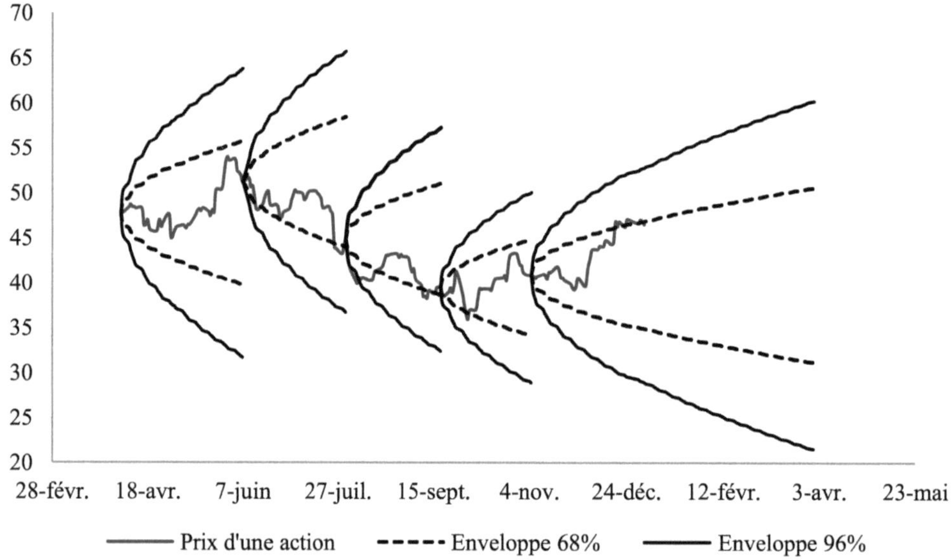

Figure 13-4 Succession temporelle d'enveloppes de potentiel pour une action

Les principaux événements macro-économiques (comme une baisse ou hausse des taux inattendue d'une grande banque centrale, l'annonce d'une politique budgétaire expansionniste ou restrictive d'une grande zone économique), politiques (élections, démarrage d'un conflit régional) ou de marché (changement de thématique d'investissement).

Les dates sont bien évidemment choisies ex-post, une fois l'événement passé. À chacune des dates identifiées on extrait la meilleure estimation de la volatilité du titre pour tracer les enveloppes ainsi qu'expliqué au chapitre 3. Il est utile de regarder le passé récent pour comprendre le comportement du titre proche des seuils de référence.

Ici, à l'exception de la troisième date, l'enveloppe à 68% de probabilité encadre bien l'évolution du prix. La troisième date a été choisie car un événement a manifestement choqué le marché. Le cours a subi une baisse violente, et probablement le marché dans son ensemble, mais le retour à l'intérieur de l'enveloppe à 96% de probabilité puis à celle à 68% se fait rapidement indiquant un retour à un régime de marché plus normal. Lorsque le cours s'approche des seuils de la première enveloppe, cela semble signaler au gérant qu'il faut réfléchir à agir. Lorsque le cours dépasse de haut en bas l'enveloppe basse, on aurait tendance à attendre le retour dans l'enveloppe pour renforcer la position. À l'inverse, dépasser de bas en haut l'enveloppe supérieure inciterait à prendre quelques bénéfices en réduisant sa position. C'est justement la situation à laquelle nous nous trouvons début janvier. Cette réflexion vient seconder l'opinion du gérant sur la valeur car s'il pense que le titre n'a plus de potentiel, c'est l'occasion de solder complétement la position. Il est important d'adapter la lecture des enveloppes en fonction de chacun des titres analysés, il n'y aucune généralité à apprendre des observations d'un titre pour un autre.

En normalisant les composants du portefeuille par leur volatilité, nous obtenons une enveloppe commune à tous les composants dont nous pouvons superposer alors les trajectoires et directement comparer. Cependant, les prix normalisés n'ont pas de sens pour le gérant fondamental qui préférera en général la mise en œuvre illustrée.

Cette approche peut également s'appliquer à un portefeuille, en relatif à son indice de référence. Les enveloppes guident la surperformance du portefeuille et indiquent les phases où il est recommandé de modifier la stratégie du portefeuille. On renvoie au chapitre 5 du livre de Hervé [25] pour cet aspect. De plus, la distribution du rendement d'un portefeuille, grâce au théorème central limite, est plus proche d'une loi normale que pour un titre individuel donnant une approche plus compatible avec la théorie. Ceci s'applique bien à un multigérant qui peut décider d'arbitrer un fonds de type croissance vers un fonds value ou inversement. Toutefois, pour les gérants actifs de titres en direct, modifier sa stratégie est rarement réaliste : le gérant d'un fonds value sélectionnant des titres décotés poursuivra ce type d'investissement afin de respecter la promesse de gestion. Il pourra au mieux modifier sa sélection de titres et c'est l'aide que peuvent lui apporter les enveloppes de potentiels.

4. Choisir un contrat optionnel

Les éléments présentant la base de l'activité de market-maker en partie II et III sont utiles pour comprendre comment choisir les paramètres d'un contrat optionnel lorsque l'on souhaite implémenter une opinion sur une action ou un indice.

Pour un sous-jacent donné, le niveau de volatilité implicite sera déterminant. Ainsi, on évitera d'entrer dans une position longue en volatilité implicite lorsque celle-ci est élevée, impliquant des primes coûteuses à l'achat. À l'inverse, on préférera vendre ces primes optionnelles élevées. Pour juger de la cherté de la volatilité implicite, il faudra regarder son historique pour placer le niveau actuel dans la distribution historique, tout comme on l'a illustré avec le VIX plus haut dans ce chapitre.

La figure ci-dessous présentent de tels historiques pour deux valeurs de services de télécommunication. Ces entreprises sont a priori soumises à des facteurs économiques similaires, pourtant leurs perceptions par le marché sont différentes, l'action Telecom 1 est historiquement moins chère en volatilité implicite que l'action Telecom 2. Néanmoins, en termes de comportement récent, Telecom 1 est relativement chère et Telecom 2 présente une volatilité attractive. Ainsi, sans autre information, la décision penche sur des stratégies acheteuses de volatilité sur Telecom 2 et vendeuses de volatilité sur Telecom 1.

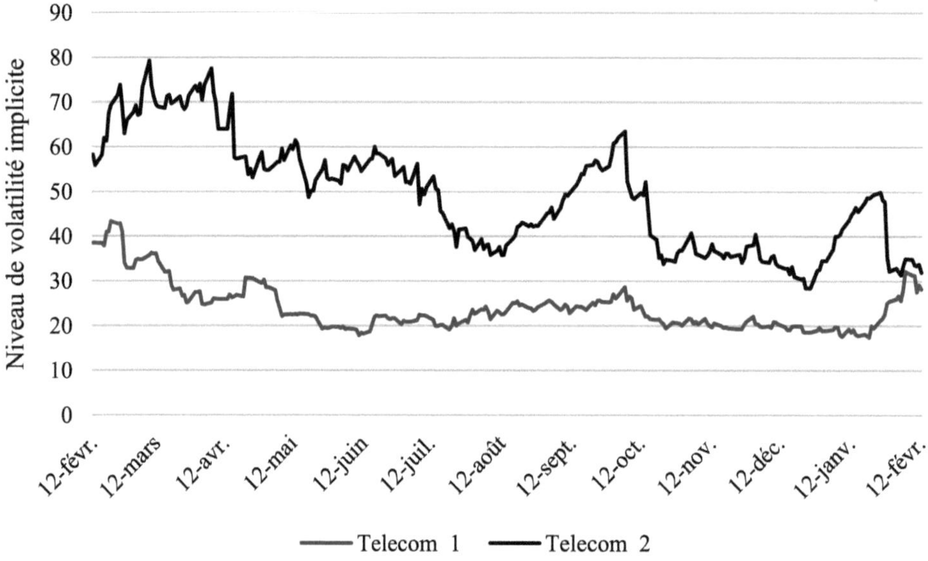

Figure 13-5 Historique de volatilités implicites dans le secteur des télécommunications

On comparera aussi l'historique de volatilité implicite avec un historique de volatilité réalisée (ou historique ou provenant d'un modèle à facteur). Si le niveau de volatilité réalisée est inférieur à celui de la volatilité implicite sur une période récente, alors la volatilité implicite sera également jugée peu attractive à l'achat (même si elle n'est pas chère d'un point de vue historique) car la volatilité à venir du sous-jacent se semble pas propice à compenser le coût en volatilité implicite de cet achat.

Le breakeven d'une option est le niveau que le sous-jacent doit atteindre (à expiration pour une option européenne, au plus tard à l'expiration pour une option américaine) afin de neutraliser le résultat de l'opération (achat ou vente d'options). Le breakeven est donc le niveau à atteindre pour rembourser au moins la prime en cas d'achat d'option (pour ne perdre qu'au plus la prime encaissée en cas de vente. Il peut y en avoir plusieurs pour certaines stratégies à plusieurs jambes optionnelles (comme un strangle correspondant à l'achat d'un call et d'un put tous deux en dehors de la monnaie où le breakeven absorbe le coût de deux primes). Si R_H^B est le rendement à atteindre d'ici l'expiration dans H périodes, il faut s'assurer que la volatilité à réaliser du sous-jacent considéré permet d'atteindre ce niveau dans les temps. Si on trace une enveloppe de potentiel de probabilité p passant par le point d'abscisse H et d'ordonnée B (où directement en calculant p par la fonction de répartition d'une loi normale), la probabilité de dépasser le breakeven vaut $1 - p$. On cherchera donc des situations pour lesquels cette probabilité est suffisamment importante. Le niveau B contenant l'information de la volatilité implicite puisqu'il tient compte des primes, ceci revient à comparer la volatilité implicite et la volatilité réalisable par le sous-jacent. Évidemment l'évaluation de ces différentes probabilités permet de comparer des stratégies pour choisir la position appropriée. Une fois l'implémentation réalisée, on oublie le niveau de probabilité et on gère la pose en fonction de l'évolution du marché. Le rendement à réaliser pour atteindre le breakeven va évoluer tous les jours en fonction des mouvements du prix du sous-jacent. En cas d'achat d'une option, si le prix du sous-jacent est stable, la volatilité réalisée depuis l'implémentation est faible, ce qui nécessite une volatilité à réaliser encore plus importante pour compenser le thêta qui fait baisser la valeur de l'option achetée (et s'éloigner le breakeven).

Le véga d'une option est d'autant plus important que sa maturité est longue, autrement dit les options à échéance lointaine sont plus sensibles aux variations de volatilité implicite. Ceci peut impacter le choix d'une stratégie vendeuse d'options qui en général est vendeuse d'options courtes pour profiter du thêta. Si on attend un déclin de la volatilité, une vente d'option plus longue générera plus de gain en euros. De plus, acheter des options long terme lorsque la volatilité est élevée peut générer de substantielles pertes si la volatilité chute (sans tenir compte du mouvement du sous-jacent).

Ainsi, quelques principes découlent de l'examen que nous venons de réaliser. La première question que doit se poser le futur gérant d'une position optionnelle est : « Est-ce que je veux vendre ou acheter la volatilité implicite de ce sous-jacent ? ». Viendra ensuite le choix du sens de la position pour lequel une plus grande souplesse est offerte grâce aux calls et aux puts, à l'achat ou à la vente. Les choix de la maturité et du prix d'exercice permettent d'affiner de choisir les sensibilités souhaitées par le gérant en fonction de ses anticipations. Les options dans la monnaie sont choisies lorsque la sensibilité est nécessaire tandis que les options en dehors de la monnaie (OTM, out of the money) sont sélectionnées pour l'effet de levier. Les contrats à terme (les futures) sont privilégiés dès lors que la volatilité implicite est estimée trop élevée pour intervenir avec une option. En cas d'achat d'options, les maturités sont choisies pas trop courtes pour limiter l'impact du thêta plus important proche de l'expiration, mais pas trop longues car leur prix augmente alors sensiblement. Enfin, un bon market timing ne suffit pas à cause de la volatilité qui impose d'anticiper également une amplitude suffisante de variation du prix du sous-jacent. On peut avoir raison sur une hausse mais celle-ci trop faible ne permettra pas de rembourser la prime du call (breakeven non atteint).

D'autres point d'attention sont déterminants, bien que tous ne concernent pas directement la volatilité. Nous en évoquons quelques-uns. Mieux vaut être acheteur d'options dont le prix est essentiellement de la valeur intrinsèque car le temps est l'ennemi des positions longues. Ce sont en général des options à la monnaie dont la probabilité de succès élevé (mais le levier réduit). Au contraire, il vaut mieux être vendeur d'options dont le prix est essentiellement de la valeur temps (options OTM). Une volatilité implicite élevée entraînant une valeur temps élevée, si elle chute, la prime de l'option baisse et offre la possibilité de débouler sa position plus rapidement.

En particulier, négliger le niveau et l'écoulement de la valeur temps revient à négliger la prime payée ou encaissée. Comme les options OTM, un faible prix pour des options proches de l'expiration traduit tout simplement une faible probabilité de succès. Le prix n'est finalement qu'une monétisation d'une probabilité.

La liquidité des différents contrats est un point sur lequel il faut être attentif. Le volume s'appréciera en fonction de la taille de la stratégie mise en place : nombre de contrats échangés par jour pendant les dernières séances comparé au nombre que l'on souhaite traiter. Les contrats les plus liquides sont les contrats de maturité courte. Souvent, on observe que la liquidité est plus faible à l'ouverture et à la clôture des marchés. Il faut donc éviter d'initier des positions lors de ces périodes car les risques de prix défavorables sont importants.

L'exercice générant des frais, il est en général recommandé de solder les stratégies dans la monnaie avant l'expiration (et au contraire laissé expirer les options hors de la monnaie). Dans le cas d'une option américaine, si on est vendeur d'une option devenue très dans la monnaie, il faut s'attendre à être exercé si elle se négocie à parité (autrement dit, sa valeur temps est nulle).

Sur les sous-jacents distribuant des dividendes, il faut rester attentif aux dates « ex-dividende ». Ce jour-là, le prix du sous-jacent est théoriquement ajusté à la baisse du montant versé. En pratique, les primes d'options reflètent (au moins partiellement) cette chute de prix du support quelques jours avant.

Un « dernier prix » ne signifie rien pour une option, il faut regarder la fourchette de négociation (le bid ask) et apprécier l'écart relativement au prix offert afin de comparer les contrats. Pour cette raison, il ne faut pas placer d'ordre « au prix de marché », car la vitesse de changement des prix proposés peut créer de mauvaises surprises. On rappelle également que ce marché est soumis à l'offre et à la demande ainsi son modèle d'évaluation ne doit pas être utilisé pour estimer qu'une prime est chère ou non. Les modèles sont en effet conçus sur des mouvements aléatoires alors que fondamentalement, on identifie les tendances pour se positionner. Enfin, discipline avant tout : se fixer des objectifs précis oblige à un suivi approprié et permet de prendre ses profits.

5. Utiliser les marchés optionnels sans y investir

Le marché optionnel reflète, d'une manière ou une autre une information supplémentaire à propos des positions des intervenants qui pratiquent la couverture, le levier ou la vente à découvert. De plus, lorsque qu'une option est évaluée, les traders doivent anticiper la volatilité future et éventuellement les niveaux de dividendes. Le prix affiché va traduire des prévisions de marché non contenue dans le marché cash.

L'analyse proposée pour le VIX ci-dessus peut se transposer à l'historique de volatilité implicite d'un sous-jacent pour juger le sentiment de marché sur les valeurs en portefeuille ou en cours d'analyse fondamentale.

Une structure à terme décroissante indique que les opérateurs sur options anticipent qu'une action sera volatile à court terme mais aura un comportement stable à plus long terme. Cela peut donc être une opportunité de prise de position sur le sous-jacent puisque des jours meilleurs sont anticipés.

Une pente du smile de volatilité importante d'un sous-jacent (par exemple définie par l'écart positif entre la volatilité implicite à 90% de la monnaie et la volatilité à la monnaie : $\sigma_{90\%} - \sigma_{100\%}$ reflète la demande d'achat de protection faisant monter les prix des puts OTM donc de leur volatilité implicite). Si ce stress n'est pas déjà reflété par le cours du sous-jacent (toutes les volatilités du smile seraient sinon remontées et la pente pas nécessairement aussi forte), cela peut indiquer au gérant une attention particulière à apporter à ce titre en vue de réduire la taille de la position (un achat de put étant relativement cher). Pour aller plus loin, nous pouvons comparer les pentes des smiles de plusieurs actions. Cette comparaison nécessite d'utiliser une pente normalisée par le niveau courant de volatilité implicite : $(\sigma_{90\%} - \sigma_{100\%})/\sigma_{100\%}$. Ceci peut inciter le gérant à renforcer les titres à faible pente normalisée et à réduire ceux dont le risque est plus élevé (forte pente normalisée).

Enfin, l'augmentation du volume spéculatif (hors blocs ou arbitrages) quotidien est précurseur d'un mouvement du sous-jacent, ceci à cause du levier offert par les options traitées par des intervenants « mieux informés ». Il fournit les indications les plus fiables pour les annonces sur les grandes entreprises qui provoquent des mouvements sur les actions : résultats financiers, OPA, fusion, événements juridiques…Si le volume des calls (respectivement des puts) augmente, on attend une annonce positive (respectivement négative) pour l'entreprise sous-jacente. Le volume des actions augmente également souvent avant une annonce majeure sur la société car les market-makers sur options s'empressent de se couvrir. Ces excès de volume se mesurent de manière historique en comparant le volume jour au volume moyen sur les 20 dernières séances par exemple. Cette analyse est évidemment moins pertinente pour les options sur indices ou pour certaines actions de secteurs spécifique car d'autres facteurs peuvent prendre le pas sur cette interprétation. Cela sera par exemple le cas des actions aurifères où le niveau de l'or aura un impact immédiat.

6. Annexe

1. Équation du second degré d'inconnue r_{N+1}

Afin de faire apparaître l'inconnue, on manipule l'expression de $(N-1)\,\sigma_{2,N+1}^2$. On peut écrire

$$(N-1)\,\sigma_{2,N+1}^2 = \sum_{i=2}^{N+1} r_i^2 - N(\overline{r_{2,N+1}})^2$$

Pour écrire $\sum_{i=2}^{N+1} {r_i}^2$ en fonction d'éléments déjà connus, on note

$$(N-1)\,\sigma_{1,N}^2 = \sum_{i=1}^{N} r_i^2 - N(\overline{r_{1,N}})^2$$

Ce qui permet de réécrire :

$$\sum_{i=2}^{N+1} r_i^2 = \sum_{i=1}^{N} r_i^2 + r_{N+1}^2 - r_1^2 = (N-1)\sigma_{1,N}^2 + N(\overline{r_{1,N}})^2 + r_{N+1}^2 - r_1^2$$

en explicitant l'inconnue r_{N+1}. Dans la même idée, on transforme $(\overline{r_{2,N+1}})^2$. Comme,

$$\overline{r_{2,N+1}}^2 = \left(\overline{r_{1,N}} + \frac{1}{N}(r_{N+1} - r_1)\right)^2 = \left(\overline{r_{1,N}} - \frac{1}{N}r_1 + \frac{1}{N}r_{N+1}\right)^2$$

On obtient en explicitant l'inconnue r_{N+1} :

$$\overline{r_{2,N+1}}^2 = \left(\overline{r_{1,N}} - \frac{1}{N}r_1\right)^2 + 2\left(\overline{r_{1,N}} - \frac{1}{N}r_1\right)\frac{1}{N}r_{N+1} + \frac{1}{N^2}r_{N+1}^2$$

Au global, on a l'équation du second degré en r_{N+1} :

$$\left(\overline{r_{1,N}} - \frac{1}{N}r_1\right)^2 + 2\left(\overline{r_{1,N}} - \frac{1}{N}r_1\right)\frac{1}{N}r_{N+1} + \frac{1}{N^2}r_{N+1}^2$$

en posant $a = 1 - \frac{1}{N}$, $b = -2\left(\overline{r_{1,N}} - \frac{1}{N}r_1\right)$ et :

$$c = (N-1)\sigma_{1,N}^2 + N(\overline{r_{1,N}})^2 - r_1^2 - N\left(\overline{r_{1,N}} - \frac{1}{N}r_1\right)^2 - (N-1)\sigma^2$$

que l'on peut réécrire :

$$c = (N-1)\left(\sigma_{1,N}^2 - \sigma^2\right) + 2r_1\overline{r_{1,N}} - \left(1 + \frac{1}{N}\right)r_1^2 - N\left(\overline{r_{1,N}} - \frac{1}{N}r_1\right)^2$$

2. Borne minimale pour la VaR

Pour rappel, l'inégalité de Tchebychev indique que si X est une variable aléatoire réelle à variance finie $\sigma^2(X)$ alors, pour tout $\lambda > 0$, on a :

$$P(|X - E(X)| \geq \lambda\sigma(X)) \leq \frac{1}{\lambda^2}$$

Avec $a = \lambda\sigma_T$ on peut écrire, quel que soit $a > 0$,

$$P(|R_T - m_T| \geq a) = P(R_T - m_T \geq a) + P(R_T - m_T \leq -a) \leq \frac{\sigma_T^2}{a^2}$$

Donc a fortiori, $P(R_T - m_T \leq -a) \leq \frac{\sigma_T^2}{a^2}$.

On peut donc choisir a tel que $1 - p = \frac{\sigma_T^2}{a^2}$ soit $a = \frac{\sigma_T}{\sqrt{1-p}}$ ce qui donne finalement $P(R_T \leq m_T - \frac{\sigma_T}{\sqrt{1-p}}) \leq 1 - p$ et $VaR(p,T) \geq m_T - \frac{\sigma_T}{\sqrt{1-p}}$. Si la distribution de probabilité est supposée symétrique, alors

$$P(R_T - m_T \leq -a) = P(R_T - m_T \geq a)$$

Ce qui entraîne $P(R_T - m_T \leq -a) \leq \frac{\sigma_T^2}{2a^2}$. On peut donc choisir a tel que $1 - p = \frac{\sigma_T^2}{2a^2}$ soit $a = \frac{\sigma_T}{\sqrt{2(1-p)}}$ ce qui donne $P(R_T \leq m_T - \frac{\sigma_T}{\sqrt{2(1-p)}}) \leq 1 - p$ et

$$VaR(p,T) \geq m_T - \frac{\sigma_T}{\sqrt{2(1-p)}}$$

Quelques mots encore

Ce parcours de la finance de marché à travers la volatilité s'arrête ici mais il n'est pas terminé. La modélisation, grâce à la théorie de l'économétrie, pourra intéresser les lecteurs statisticiens. Les produits dérivés complexes ou des stratégies plus élaborées sont explorés par les salles de marchés ou les hedge funds les plus sophistiqués et font l'objet de recherche active. Les probabilistes utilisent des lois de probabilités plus fines, comme les processus de Levy, pour toujours mieux capter le comportement des actifs financiers. La construction de portefeuille a toujours d'importants défis à relever pour être au plus près de la réalité de l'investissement. Si les directions à prendre sont variées, et de plus en plus techniques, elles n'en sont pas moins passionnantes.

Bibliographie

[1] S. Lessard, *Les rudiments du calcul stochastique*, Ellipses, 2023.

[2] P. Poncet et R. Portait, *Finance de marché*, 5e éd., Dalloz, 2023.

[3] R. Thom, *Prédire n'est pas expliquer*, Flammarion, 1991.

[4] J. M. Keynes, *A Treatise on Probability*, Londres: Macmillan and Co, 1921.

[5] O. Marchal, *Cours et exercices corrigés de statistiques inférentielles*, Ellipses, 2024.

[6] G. Saporta, *Probabilités, analyse des données et statistique*, Technip, 2011.

[7] F. Bismans et O. Damette, *Économétrie dynamique - Modèles et applications*, Ellipses, 2023.

[8] F. Black et M. Scholes, « The Pricing of Options and Corporate Liabilities, » *Journal of Political Economy,* vol. 81, n° 13, pp. 637-654, 1973.

[9] T. Roncalli, *Introduction to Risk Parity and Budgeting*, Chapman & Hall/CRC, 2013.

[10] F. Goltz, R. Guobuzaite et L. Martellini, « Introducing a New Form of Volatility Index: The Cross-Sectional Volatility Index, » Edhec business school, 2012.

[11] R. Jarrow et A. Rudd, « Approximate option valuation for arbitrary stochastic processes, » *Journal of Financial Economics,* vol. 10, n° %13, pp. 347-369, 1982.

[12] J. Hull et A. White, « The Pricing of Options on Assets with Stochastic Volatilities, » *The Journal of Finance,* vol. 42, n° 12, pp. 281-300, 1987.

[13] S. Heston, « A closed-form solution for options with stochastic volatility with applications to bond and currency options, » *Review of Financial Studies,* vol. 6, n° 12, pp. 327-343, 1993.

[14] J. Gatheral, *The Volatility Surface*, A Practitioner's Guide, Wiley, 2006.

[15] B. Dupire, « Pricing with a Smile, » *Risk,* p. 18–20, 1994.

[16] E. Derman et I. Kani, « Riding on a smile, » *Risk,* p. 32–39, 1994.

[17] M. Avellaneda, A. Levy et A. Paras, « Pricing and hedging derivative securities in market with uncertain volatilities, » *Journal of Finance,* vol. 2, n° 12, pp. 73-88, 1995.

[18] M. Avellaneda et A. Paras, « Managing the volatility risk of portfolios of derivative securities: the Lagrangien uncertain volatility model, » *Applied Mathematical Finance,* vol. 3, n° 11, pp. 21-52, 1996.

[19] M. Leblanc, Sur-réplication et Volatilité Incertaine : options européennes, américaines et passeports, thèse de doctorat de l'Université Paris Diderot, 2002.

[20] N. El Karoui, M. Jeanblanc-Piqué et S. Shreve, « Robustness of the Black and Scholes Formula, » *Mathematical Finance,* vol. 8, n° 12, pp. 93-126, 1998.

[21] P. Wilmott, *Paul Wilmott on quantitative finance, Volume 3: Advanced Topics; Numerical Methods and Programs*, Wiley, 2006.

[22] C. Homescu, « Implied volatility surface: construction methodologies and characteristics, » 2011.

[23] J.-P. Fouque, G. Papanicolaou, R. Sircar et K. Solna, « Maturity cycles in Implied Volatilities, » *Finance and Stochastics,* vol. 8, pp. 451-477, 2004.

[24] J. Hull, Options, *Futures, and Other Derivatives*, Pearson Education, 2022.

[25] P. Hervé, *Allocation d'actifs - Théories et pratiques*, Economica, 2024.

Index

M

N

O

P

R

S

T

V